100張圖搞懂
量子電腦
產業鏈

江達威／著

CONTENTS

作者序 … 008

Chap. 1
量子電腦基本認知與實現技術

01 何謂量子？何謂量子電腦？ … 014
02 量子位元、疊加態、糾纏態 … 016
03 量子電腦難以全面取代現行電腦 … 018
04 通用型與非通用型量子電腦 … 020
05 通用邏輯閘型量子電腦 … 022
06 退火型量子電腦 … 024
07 量子啟發最佳化電腦 … 026
08 神經型態電腦 … 028
09 混合量子經典運算 … 030
10 量子電腦實現技術 … 032
11 超導迴路技術 … 034
12 離子阱技術 … 036
13 鑽石空位技術 … 038
14 拓樸量子技術 … 040
15 光量子技術 … 042
16 中性原子技術 … 044
17 矽自旋技術 … 046
18 核磁共振技術 … 048
19 氦電量子技術 … 050
20 量子霸權、量子容量 … 052

Chap. 2
量子電腦現行與潛在應用

21　量子位元決定應用範疇 … 056
22　最佳化問題：工作排程 … 058
23　最佳化問題：維修排程 … 060
24　能源相關金融商品預測 … 062
25　衍生性金融商品定價 … 064
26　油品事業的化學研究 … 066
27　用於天氣預測 … 068
28　金融詐欺更精準偵測 … 070
29　新材料開發 … 072
30　新藥物探索與開發 … 074
31　減少交通壅塞 … 076
32　製造業製程與研發設計精進 … 078
33　搜尋引擎加速 … 080
34　非對稱式密碼破解 … 082
35　量子運算應用的真實價值 … 084

Chap. 3
量子硬體電腦系統、組件概念股

36　量子電腦硬體商 … 088
37　量子電腦硬體商（通用邏輯閘型）… 090
38　量子電腦硬體商（退火型）… 092
39　量子電腦硬體商（數位退火型）… 094

40　量子電腦硬體商（混合量子經典）　…　096
41　低溫設備與測試設備商　…　098
42　雷射與光學元件商　…　100
43　控制電子與信號處理硬體商　…　102
44　量子電腦商零件、代工業務　…　104
45　量子電腦相關硬體商　…　106

Chap. 4
量子軟體技術、雲端服務概念股

46　認識量子電腦軟體堆疊　…　110
47　量子計算程式語言商　…　112
48　量子軟體開發套件與框架商　…　114
49　量子軟體演算法　…　116
50　量子應用程式開發商　…　118
51　量子電腦模擬器軟體、服務、設備商　…　120
52　量子程式編譯器軟體　…　122
53　量子計算錯誤更正軟體　…　124
54　量子電腦控制軟體　…　126
55　量子電腦效能標竿測試軟體　…　128

Chap. 5
量子運算整合、支援概念股

56　國際公有雲服務商　…　132
57　量子電腦商直營雲端服務　…　134

58　量子資訊系統整合商 … 136

59　企業管理顧問公司 … 138

60　量子運算企業培訓服務 … 140

61　量子科技產業聯盟、協會 … 142

62　量子科技研究大學 … 144

63　量子科技新創加速器、孵化器、育成中心 … 146

64　科技業創投與科技大廠策略投資 … 148

65　量子電腦架構技術授權商 … 150

Chap. 6
量子通訊、資安、感測概念股

66　量子通訊、量子資安、量子感測 … 154

67　量子金鑰配發方案商 … 156

68　量子金鑰配發技術試煉及競賽 … 158

69　量子金鑰配發已在特許行業獲肯定 … 160

70　後量子密碼技術 … 162

71　後量子密碼技術方案商 … 164

72　量子亂數產生技術及方案商 … 166

73　量子感測技術商機 … 168

74　量子感測器主要業者 … 170

75　具顛覆潛力的量子羅盤 … 172

Chap. 7
量子電腦產業與市場分析

76　全球量子電腦市場預測 … 176
77　量子電腦尚處於前期高垂直性市場 … 178
78　IBM 居量子電腦領導者地位 … 180
79　量子控制軟體市場 … 182
80　前景展望佳的量子運算即服務（QCaaS）市場 … 184
81　全球量子資安市場預測 … 186
82　量子運算跨足量子通訊、資安、感測 … 188
83　三大公有雲商在量子領域具可觀潛能 … 190
84　退火、混合量子經典市場先行 … 192
85　從量子產品展望評估投資前景 … 194
86　從關鍵客戶、關鍵合作評估營運支撐性 … 196
87　謹慎態度檢視量子新創借殼上市 … 198
88　台灣量子國家隊 … 200
89　量子國家隊業務屬性分析 … 202
90　台灣量子運算系統概念股 … 204

Chap. 8
量子電腦發展變數與隱憂

91　量子位元數擴增的挑戰 … 208
92　專業質疑論點不可忽視 … 210
93　現行運算戲劇性效能推升 … 212
94　行銷詞可能誤導真正量子技術產品推展 … 214

95 演算法豐富度也影響應用潛力 ⋯ 216
96 紅極一時的 OpenStack 或可為鑑 ⋯ 218
97 其他潛力技術的投資機會成本 ⋯ 220
98 理論科學考驗時間 ⋯ 222
99 地緣政治風險的潛在可能 ⋯ 224
100 國家學研計畫或產業補助的過早收手 ⋯ 226

作者序

談到「量子」，相信許多人立即聯想到「深奧」，畢竟過往以來量子力學都被認為是深不可測的學問，加上好萊塢電影《量子危機》、《量子狂熱》及其他冠以「量子」之名等影視作品的推波助瀾，就更讓人感覺它強大又神秘。

既然量子強大又神秘，若又冠上電腦二字，是否就表示它將是一台運算力無比強大、無所不能的電腦？特別是一些新聞報導說量子電腦可輕鬆破解現行任何電腦的密碼，所有在 Internet 上的電腦從此不再安全，就更讓人覺得它應該是非常強大的，然而其實量子電腦有所能、有所不能。

另外也聽說有所謂的量子霸權，這又是什麼意思呢？或者全球最知名的資訊科技公司 IBM 提倡量子體積，這又是一個怎樣的主張呢？如果對這些沒有概念，就更難以掌握日後有可能成為巨大商機的量子電腦產業鏈。

不僅是量子電腦，與量子電腦相關的量子通訊也同樣具強大市場潛力，而與量子通訊相關的專用術語如量子金鑰配發、後量子密碼等也是乍聽之下玄之又玄的名詞，若無法真確掌握其意涵將難以準確投資，特別是過往長久以來難以明確衡量回收效益的廣告都開始講究精準投入，高度苛求報酬回收的投資必然要更精準。

另外也為了避免受招搖撞騙所誤導，如對岸就曾流行過所謂的量子波動速讀，最終確定為偽科學的騙局課程，平白繳了許多智商稅（對岸用詞，大體指因話術、受騙而花冤枉錢）。

所以即便不投資，此書純用於增進科普基本常識，也有助於減少受誆騙的可能，以上為筆者撰寫此書的動機與期許。為了讓各位以最平順快速的方式瞭解量子電腦產業鏈，本書依如下章節架構撰寫：

第一章 量子電腦基本認知與實現技術

量子電腦並非無所不能，有些簡單的事可能還慢於現行電腦，到底量子電腦適合哪些類型運算？以及目前有幾種打造量子位元、量子電腦的技術？技術的優劣為何？本章將對此詳整說明。

第二章 量子電腦現行與潛在應用

量子電腦已在部份產業或特定應用上發揮顯著效果，未來隨著量子電腦的精進發展將更具效果，與此同時有些量子運算的演算法已經具備，但現有量子電腦的硬體能耐尚無法將演算法全效發揮，到底現有量子電腦可以的應用與未來可能可以的應用有哪些，本章將對此進行探討。

第三章 量子硬體電腦系統、組件概念股

量子電腦產業鏈的樞紐毫無疑問是量子電腦，諸多科技大廠、新創等均投入完整的量子電腦系統開發，但量子電腦能否完備、能否加速發展，其系統內的零件、部件等也至關重要，本章將觀察現行量子電腦硬體產業鏈的形貌。

第四章 量子軟體技術、雲端服務概念股

　　量子電腦的軟體牽涉到諸多層面，包含演算法、程式語言、編譯器、模擬推演器、開發框架等，量子運算是否能解決企業內真實面對的商務問題、營運挑戰，軟體部份必是不可或缺，故也需要探討量子運算的軟體生態鏈。

第五章 量子運算整合、支援概念股

　　資訊解決方案向來離不開硬體、軟體與服務，量子電腦的導入需要顧問服務、系統整合服務、技術支援維護服務、開發撰寫委外服務、教育訓練服務等，配套的服務必須完整到位並有一定成熟度，故量子電腦的服務面也須盤點檢視。

第六章 量子通訊、資安、感測概念股

　　量子運算僅是今日量子科技的一塊，其他版塊也包含量子通訊、量子感測、量子資安等，甚至其他市場版塊可能較量子運算更早成熟到來，因此在掌握量子運算的同時也必須掌握其他面向的量子科技發展。

第七章 量子電腦產業與市場分析

　　掌握量子科技的多面向後，透過產業分析工具與方法，對各面向再行深入探討，包含其市場規模、預估的市場成長率、各市場區段的主佔商、潛力發展業者等，均在此章內進行探究。

第八章 量子電腦發展變數與隱憂

雖然各界均對量子電腦抱持期望,但科技的突破向來充滿不確定性,量子電腦不一定會迎向春天,有可能會迎來寒冬,或出現其他戲劇性變化,因此有必要檢視已有的市場警訊,且必須審慎看待。

×××

最後,許多人都明白過去在 1990 年代台灣曾被世界譽為「個人電腦王國」,比爾蓋茲也為此訪台,台灣因為掌握電腦產業鏈從垂直分工轉向水平分工的契機,從而連戰皆捷,類似的成功模式也套用在半導體產業上,而有了今日的台積電、聯發科、日月光。

因此,本書期望讓各位能掌握量子科技、量子電腦產業鏈的輪廓,以利各位洞悉產業發展契機,使資本運用更有效率,並期許台灣能再造新一波產業榮景。

Chap.
1

量子電腦
基本認知
與實現技術

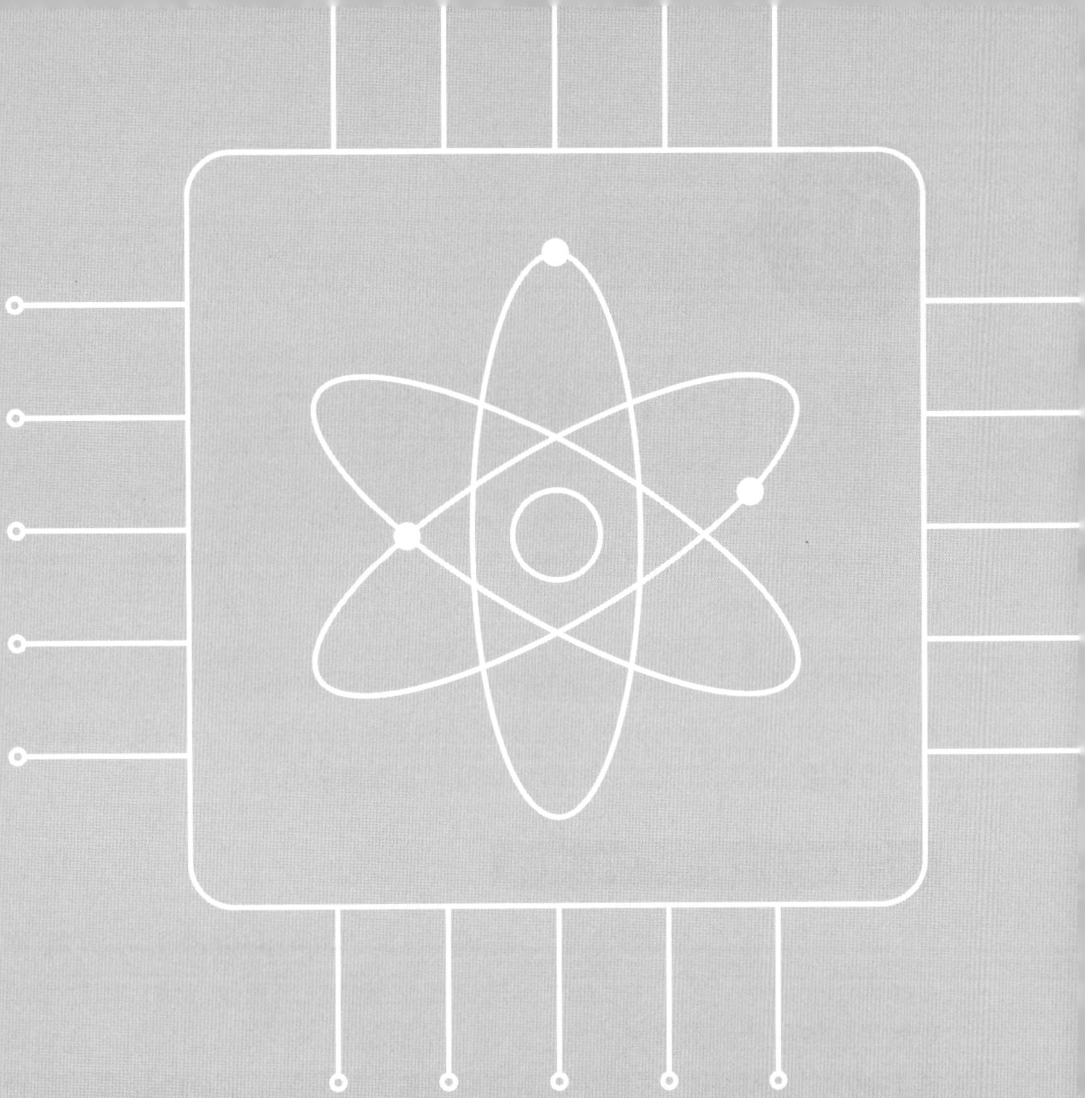

01 → 20

01 Chap. 1

何謂量子？何謂量子電腦？

談及量子（quantum）相信許多人第一個想到的是「物理、量子力學」。量子其實並不是指一個具體的微小粒子，而是指極小、不可分割、不連續的物質或能量狀態，可以是電子、光子等，是種概括稱法。

由於這種極小物質與能量的諸多特性與牛頓力學截然不同，非常的反直覺（牛頓力學一般人的生活經驗即可觀察，合乎直覺），故近一個世紀的物理學家多積極研究另一套運動規律，此即量子力學。

運用量子特性實現運算的電腦

量子因為有多種特性，如疊加態（superposition）、糾纏態（entanglement）等，因此有學者提議運用其特性來實現計算，即對量子實施操控而後偵測操控後的量子狀態，從而構建出一種新型電腦。此構想於 1969 年初步提出，之後在學術領域陸續有類似的主張，1982 年知名物理學家費曼（Richard Phillips Feynman）也在演講中提出此構想。

構想雖早但幾乎沒有實際商業化推進，直到 2010 年代起才逐漸有進展並受到關注，而後諸多科技大廠如 IBM、Google、Intel 等也相繼發表其量子電腦（Quantum Computer, QC）技術進展，加上以量子電腦商業化為目標的新創商如 IonQ、Regitti 等相繼成立，量子電腦產業鏈及市場正式進入眼簾。

相對於今日大宗的數位邏輯運算量子運算屬高革新性，為了區別有些專文會將現行運算稱為經典、古典（classical）運算，然本書仍以「現行運算」為主稱。

主要年代	主要里程內容
1900 年代至 1950 年代，量子機器的開始	o 黑體輻射 o 光量子理論 o 原子的波爾模型 o 矩陣力學
1960 年代，量子貨幣的起源	o 波動力學 o 不確定性原理 o EPR 悖論
1980 年代，量子運算的理論	o 費曼提出概念 o 班尼奧夫（Benioff）提出概念
1990 年代，演算法與理論的突破	o 量子電腦的容錯 o 量子錯誤更正碼 o 秀爾（Shor）演算法 o 格洛弗（Grover）演算法
1990 年代後期到 2000 年代初期，走向實現	o D-Wave Systems 公司成立 o 絕熱量子運算 o IBM 與史丹佛大學合作實現 7 量子位元（Qubit）的秀爾演算
2010 年代，第一個商用量子處理器到主流	o IBM 推出量子體驗（IBM Quantum Experience） o D-Wave One 電腦發表
2010 年代後期，量子飛躍	o Google 聲明達成量子霸權（quantum supremacy）

表 1：量子電腦發展主要里程表

資料來源：BTQ，作者翻譯

02 Chap. 1

量子位元、疊加態、糾纏態

現行一般大宗運用的數位邏輯運算電腦，其最小的計算單元為位元（bit，0 或 1），對岸則直接音譯成比特，稍大一點的單位是由 8 個位元組成的位元組（byte），對岸則稱為字節。

而量子電腦也有其最小計算單位，稱為量子位元（Quantum bit, Qubit），量子位元運用其獨有的疊加態（Superposition State）、糾纏態（Entanglement State，或翻譯為糾結）等特性，可以實現比「位元」更有效的計算。

疊加態是指量子位元並不像位元有明確的 0 或 1，而是程度性的 0 與程度性的 1，此特性讓多個量子位元可以一次完成所有量子位元組合的計算（聽來很玄，難以想像，不直覺）。

簡單譬喻，現在有 2 個量子位元，它可以有 00、01、10、11 四種組合，四種組合只要進行一次計算，就可以同時得到四種組合的計算結果；反之傳統位元同時間只能表達一種組合，要完成相同計算必須算四次，以此類推。而隨著量子位元數的增多，量子運算的效率就會遠遠超越現行運算。

量子位元擴增、量子糾纏

2 個量子位元可以快 4 倍，3 個快 8 倍等，但要讓量子位元數增加就必須用到量子糾纏的特性，使量子位元能連結在一起操作，量子糾纏的原理與疊加一樣玄，暫不細說。總之，量子電腦運用這兩個特性來實現遠比現行電腦快速的計算。

經典位元

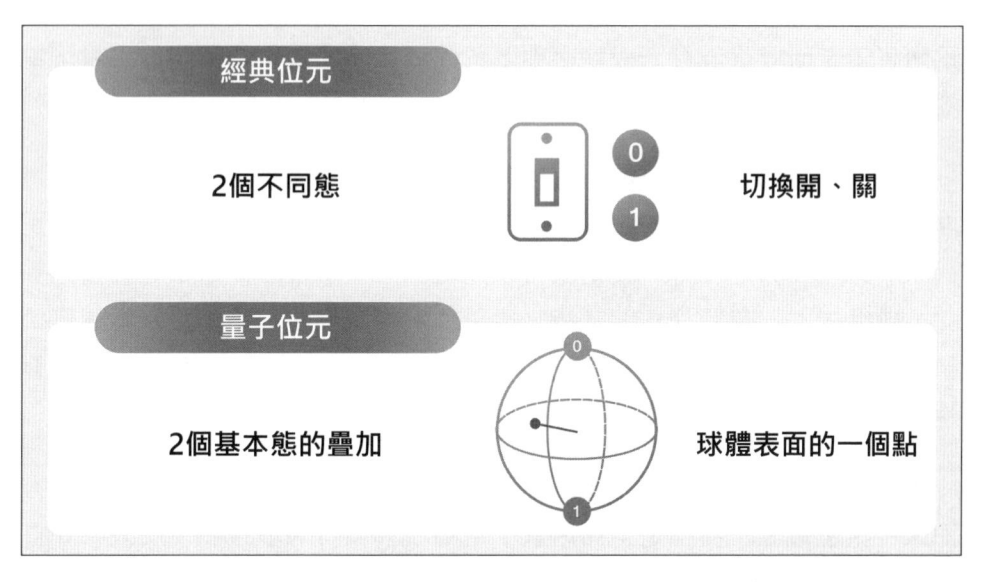

2個不同態　　　[開關圖] 0 / 1　　切換開、關

量子位元

2個基本態的疊加　　[球體圖]　　球體表面的一個點

圖2：超疊加態使量子位元能介於0與1間，位於球體表面上的某個點，球體極北點為0，極南點為1。

圖片來源：IQM

量子電腦難以全面取代現行電腦

　　量子電腦既然具有遠比現行一般電腦快速的發展潛力，所以未來量子電腦可望全面取代現行一般電腦嗎？對此，目前的答案是否定的，量子電腦只能在某些特定的應用上快過現行電腦。

　　在某些應用上，量子電腦的計算速度遠比現行電腦快，現行電腦可以計算但非常非常慢，例如數百年才能算完，實務上等於無法計算，或者反過來，有些計算是現行一般電腦可以算完，但量子電腦卻無法等同快速算完，或從成本、時間等角度考量，以量子電腦完成運算不如用現行運算。另外無論量子電腦與現行電腦都在提升效能，計算速度與計算的成本合算性也可能持續消長變化。

　　所以，量子電腦可以視為一種新補充，在某些現行運算表現低效的方面改行量子電腦，而不是全面用量子電腦取代現行一般電腦，一般人在打的遊戲電玩、在購買的電子商務等，依然會是使用現行電腦。

實際舉例

　　舉例而言，現行在網路上普遍運用的非對稱密碼（Asymmetric Cryptography）若用現行電腦計算破解要數十、上百年，形同不可能，但量子電腦只要 Qubit 達到一定水準可在幾分鐘內快速破解，或者現行電腦與量子電腦都能用於人工智慧（Artificial Intelligence, AI）領域中的機器學習（Machine Learning, ML）計算，現行電腦仍可在務實時間內完成計算，但未來量子電腦可望超越現行運算。

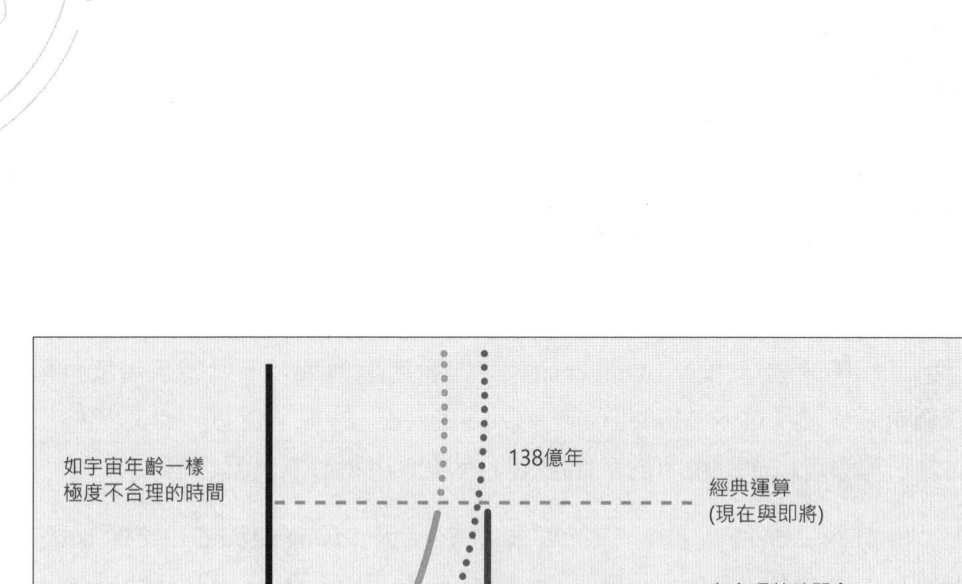

圖3：隨量子電腦的提升，某些極龐大的問題、
　　　極久才能解算的問題將可在務實、可接受的時間內解算。

圖片來源：Olivier Ezratty，作者翻譯

04 Chap. 1

通用型與非通用型量子電腦

相對於現行一般電腦，量子電腦的應用範疇已經比較限定，但量子電腦還可以再分成通用型（Universal）與非通用型兩大類。所謂通用型也稱為邏輯閘模型（Gate Model，或稱 Gate-Based）的量子運算，以此建構出的量子電腦可以廣泛適用於多種應用（有關應用將於下一章詳述）。

相對的，非通用型目前主要為易辛模型（Ising Model，或稱 Ising-Based、Ising Machine）的量子運算，有些也稱量子退火（Quantum Annealing, QA）運算，其應用範疇較通用型更為限定（雖然通用型相對於現行一般電腦已經有所拘限了），通常用於問題最佳化（Optimization Problem）的應用，另也有只適用於高斯玻色取樣（Gaussian Boson Sampling, GBS）演算法的非通用型運算。

非通用型的應用例子

所謂問題最佳化可以是各種情境問題，例如機械手臂在車廠給汽車打焊接的位置設定、車隊物流運送的最佳路徑規劃、醫護人員出勤排程、城市交通管制等，之後會再詳述。

另外 2020 年中國大陸開發出名為九章（九章指的是中國古代第一本數學著作《九章算術》）的量子電腦就只能用來計算高斯玻色取樣，應用情境如機器學習、材料模擬等。

即便九章也是屬於限定型，但它還是比一般電腦快上許多，而 2020 年最快的超級電腦（Super Computer）富岳（Fugaku），原本需要計算 6 億年的問題，它可以在 200 秒內完成。

圖 4：中國大陸於 2020 年成功打造九章量子電腦，
之後於 2021 年、2023 年再推出九章二號、九章三號。

圖片來源：HK01

05 通用邏輯閘型量子電腦

Chap. 1

通用型量子電腦也稱為通用邏輯閘（Universal Gate）型量子電腦，由於通用型的應用範圍較廣，所以無論是傳統資訊大廠還是新創，著眼於未來的市場發展性，多半選擇開發通用邏輯閘型量子電腦。

事實上現行電腦也是以邏輯閘（Logic Gate，或稱為數位邏輯閘，或直接稱為閘）方式進行運算，但現行電腦的邏輯閘較為簡單，主體有 AND、OR、NOT 三種閘，以此三種再行衍生變化出 NAND、NOR、XOR、XNOR 等閘，至多七種基本邏輯閘，以此七種再搭建出正反器（Flip-Flop, FF）、半加器（Half Adder）、全加器（Full-Adder）等，最終建構出整顆處理器與完整電腦。

與邏輯閘不同的量子邏輯閘

若說現行電腦是用邏輯閘操控位元，那對應到通用型量子電腦領域便是量子邏輯閘（Quantum Logic Gate）操控量子位元，不過量子邏輯閘的基本種類多於邏輯閘。

以常見的而言，一次可操控一個量子位元的邏輯閘有 X、Y、Z、H、S、T 閘，一次可操控兩個量子位元的則有 CX、CZ、SWAP，可操控三個量子位元的則有 CCNOT、CCX 等。整體而言量子邏輯閘可以到十多種甚至二十種以上。

要注意的是，實現量子電腦的硬體技術（此將於後述）有許多種，不是每一種都支援所有類型的邏輯閘，這點與現行電腦不同，現行電腦支援所有數位邏輯閘類型。

Operator	Gate(s)		Matrix
Pauli-X (X)	—X—	—⊕—	$\begin{bmatrix} 0 & 1 \\ 1 & 0 \end{bmatrix}$
Pauli-Y (Y)	—Y—		$\begin{bmatrix} 0 & -i \\ i & 0 \end{bmatrix}$
Pauli-Z (Z)	—Z—		$\begin{bmatrix} 1 & 0 \\ 0 & -1 \end{bmatrix}$
Hadamard (H)	—H—		$\frac{1}{\sqrt{2}}\begin{bmatrix} 1 & 1 \\ 1 & -1 \end{bmatrix}$
Phase (S, P)	—S—		$\begin{bmatrix} 1 & 0 \\ 0 & i \end{bmatrix}$
π/8 (T)	—T—		$\begin{bmatrix} 1 & 0 \\ 0 & e^{i\pi/4} \end{bmatrix}$
Controlled Not (CNOT, CX)			$\begin{bmatrix} 1 & 0 & 0 & 0 \\ 0 & 1 & 0 & 0 \\ 0 & 0 & 0 & 1 \\ 0 & 0 & 1 & 0 \end{bmatrix}$
Controlled Z (CZ)			$\begin{bmatrix} 1 & 0 & 0 & 0 \\ 0 & 1 & 0 & 0 \\ 0 & 0 & 1 & 0 \\ 0 & 0 & 0 & -1 \end{bmatrix}$
SWAP			$\begin{bmatrix} 1 & 0 & 0 & 0 \\ 0 & 0 & 1 & 0 \\ 0 & 1 & 0 & 0 \\ 0 & 0 & 0 & 1 \end{bmatrix}$
Toffoli (CCNOT, CCX, TOFF)			$\begin{bmatrix} 1 & 0 & 0 & 0 & 0 & 0 & 0 & 0 \\ 0 & 1 & 0 & 0 & 0 & 0 & 0 & 0 \\ 0 & 0 & 1 & 0 & 0 & 0 & 0 & 0 \\ 0 & 0 & 0 & 1 & 0 & 0 & 0 & 0 \\ 0 & 0 & 0 & 0 & 1 & 0 & 0 & 0 \\ 0 & 0 & 0 & 0 & 0 & 1 & 0 & 0 \\ 0 & 0 & 0 & 0 & 0 & 0 & 0 & 1 \\ 0 & 0 & 0 & 0 & 0 & 0 & 1 & 0 \end{bmatrix}$

圖 5：常見的量子邏輯閘類型

圖片來源：Rxtreme 於維基百科

註1：嚴格而論現行通用邏輯閘型離真正理想的通用型量子電腦還是有距離，目前算是雜訊中等規模（Noisy Intermediate-scale Quantum, NISQ）的量子電腦，但真正理想型（容錯型）不知何時能實現，但以 NISQ 較為接近通用型。

註2：為便於說明，本文多數時間也將類比量子電腦（Analog Quantum Computer）歸在通用邏輯閘型。

06 Chap. 1

退火型量子電腦

退火型量子（Quantum Annealing, QA）電腦屬於前述的非通用型，有時也稱為啟發式（heuristic）絕熱量子計算（Adiabatic Quantum Computation, AQC）。退火型量子電腦也使用量子位元，但不需要所有量子位元都產生糾纏連結，只要相鄰的量子位元有糾纏即可，另外它在操作上不使用前述的量子邏輯閘。

退火型大體只能用於解決二次無約束二元最佳化（Quadratic Unconstrained Binary Optimization, QUBO）、易辛模型（Ising Model）等問題，潛在的應用市場較小，故多數量子電腦業者傾向研發、銷售通用型量子電腦，以追求更大的市場機會。

不過，退火型的優點是能較快提升量子位元數（因為只要相鄰糾纏），而量子位元數的增加也攸關量子電腦的實用性，故退火型能較快應用於商業實務上，相對的通用型需要更長的時間研發才能商務實用，甚至可以說現階段多數業者的通用型量子電腦仍無法實用化。

量子退火必須快速發展

退火型雖然發展較快，但也有必要發展快，因為，退火型能夠實現的工作，通用型也可以用模擬方式實現，雖然會較退火型慢，但如果通用型快速發展，退火型的市場將受推擠。

另外，現行一般電腦晶片也可以實現退火工作，稱為數位退火（Digital Annealing），如果晶片又加強設計，則量子退火的價值也會受到推擠，故量子退火有不得不快速發展的理由。

圖 6：加拿大量子電腦新創商 D-Wave 的退火型量子電腦 Advantage
圖片來源：CaixaBank

量子啟發最佳化電腦

量子啟發最佳化（Quantum Inspired Optimization, QIO）電腦或量子啟發運算嚴格而論不是量子電腦，因為它的電路構成與運算方式都與現行運算相同，但受到量子運算的啟發，因而在現行電腦的軟體或硬體上進行改變，使其適合用於實現量子運算。

量子啟發一是用來模擬通用型量子電腦（Universal Quantum Computer Simulator），由於是模擬自然運算，速度不如真正的量子電腦，主要是給量子運算的程式設計師先行接觸、體驗量子電腦，先行磨練、試行其程式，以利日後更快完成真正在量子電腦上跑的程式。

數位退火

模擬畢竟是學習體驗用途，量子啟發另一個更實務的用途是數位退火，即是用來計算與量子退火相同的最佳化問題，因而才有「量子啟發最佳化」之名，若進一步細分還可區分成「模擬退火」與「模擬量子退火」兩種。

如果是用一般電腦來模擬退火則相當慢，為了實用性通常透過幾種方式來加速，例如同時動用許多台一般電腦來加速，即高效能運算（High-Performance Computing, HPC），或者使用上繪圖處理器（Graphics Processing Unit, GPU）晶片來加速。

或者是用現場可程式化邏輯閘陣列（Field Programmable Gate Array, FPGA）晶片來加速，或特別針對此一需求而量身打造一顆特定的晶片（Application Specific Integrated Circuit, ASIC）來加速，目前這些作法都並存，端看客戶的需求。

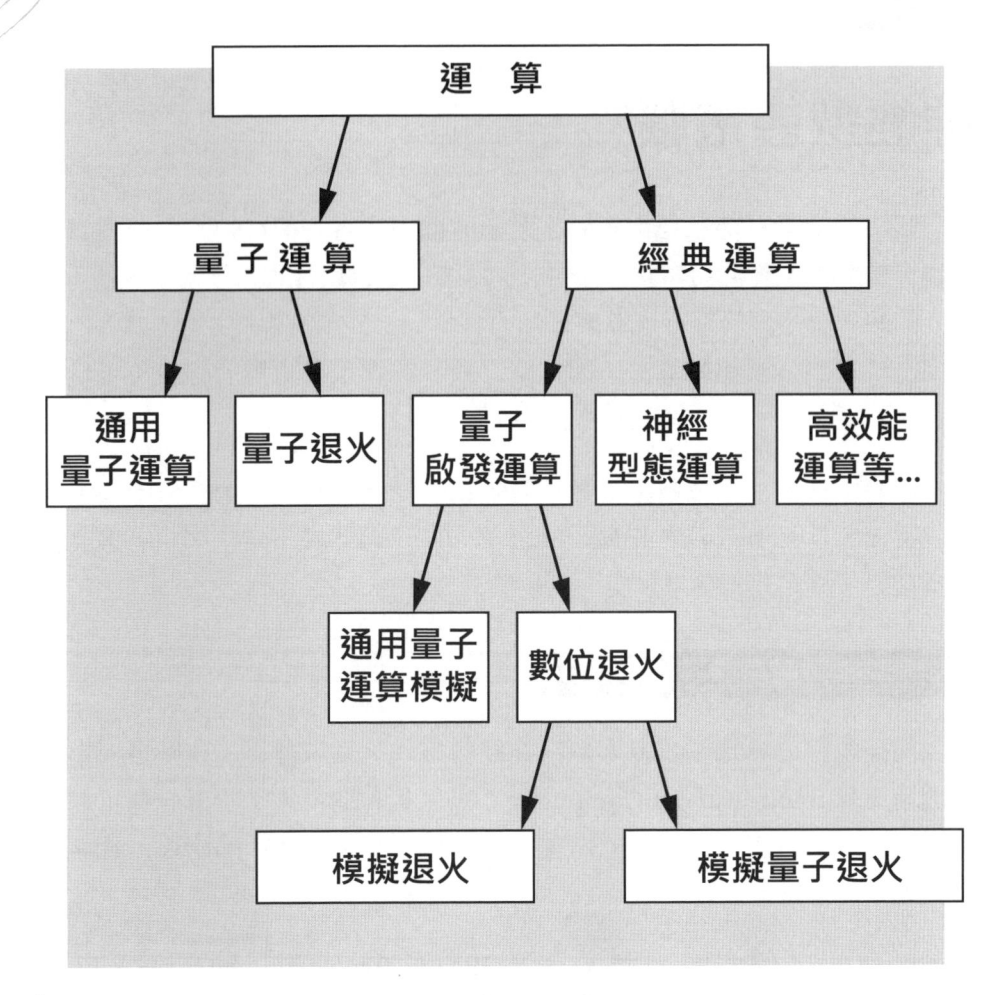

圖7：量子啟發運算所處技術位置與其下再分類
圖片來源：作者提供

Chap. 08 1

神經型態電腦

眼尖的讀者可能已經注意到，此前的圖中出現一個「神經型態運算」字眼，其實神經型態（Neuromorphic）電腦也是以現行電路技術構成的（也有人開始嘗試不同於現行半導體產業的材料與結構來實現神經型態運算），但完全改行另一套邏輯算法，因電路之故，神經型態也屬於經典（現行）運算的一種，並不屬於量子運算。

不過，神經型態電腦也與量子電腦相同，處於高度前期摸索階段，且嘗試投入者為赫赫有名的 IBM、Intel 等大廠，因此說不定未來也有爆發性成長潛力，故在此也簡單說明，以免遺漏評估。

神經型態運算更快、更省電

神經型態運算是以類似人類腦神經的方式來實現運算（有時也稱為人腦啟發運算 Brain-Inspired Computing），以其來進行人工智慧計算可以更快完成計算，甚至是以極低的功耗完成計算，不過仍在前期階段，且其配套軟體也仍待完備等。

目前知名的神經型態晶片如 IBM 的 TruNorth、Intel 的 Loihi 或 Qualcomm 的 Zeroth，其他也包含學術界的嘗試，如曼徹斯特大學提出的 SpiNNaker（Spiking Neural Network Architecture）、海德堡大學的 BrainScaleS、史丹佛大學的 Neurogrid 等，其中 SpiNNaker 更催生出德國新創系統商 SpiNNcloud Systems，將致力於把 SpiNNaker 技術成果商業化運用。

IBM 在 2014 年推出 TrueNorth 晶片後也在 2023 年推出更先進的 NorthPole 晶片，Intel 在 2017 年推出 Loihi 後也在 2021 年推出 Loihi 2，神經型態電腦是另一個值得關注的議題。

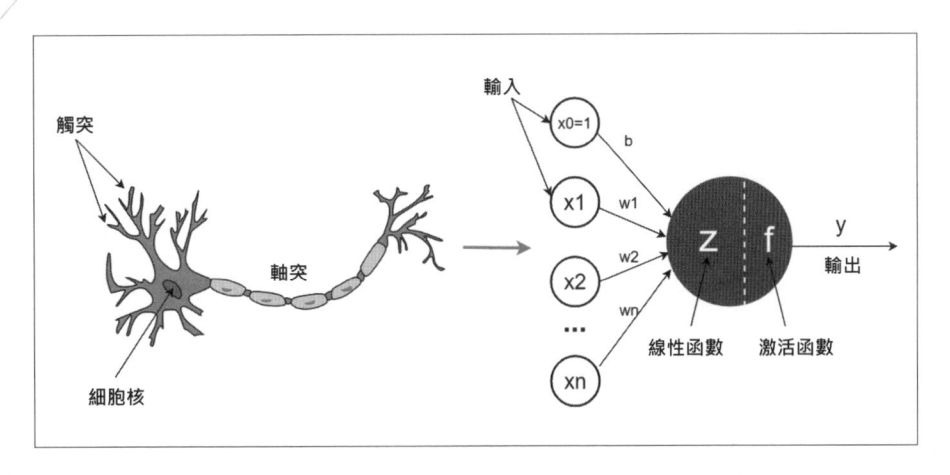

圖 8-1：人類腦神經結構，神經型態晶片的電路處理結構與此相仿。
圖片來源：Pixabay

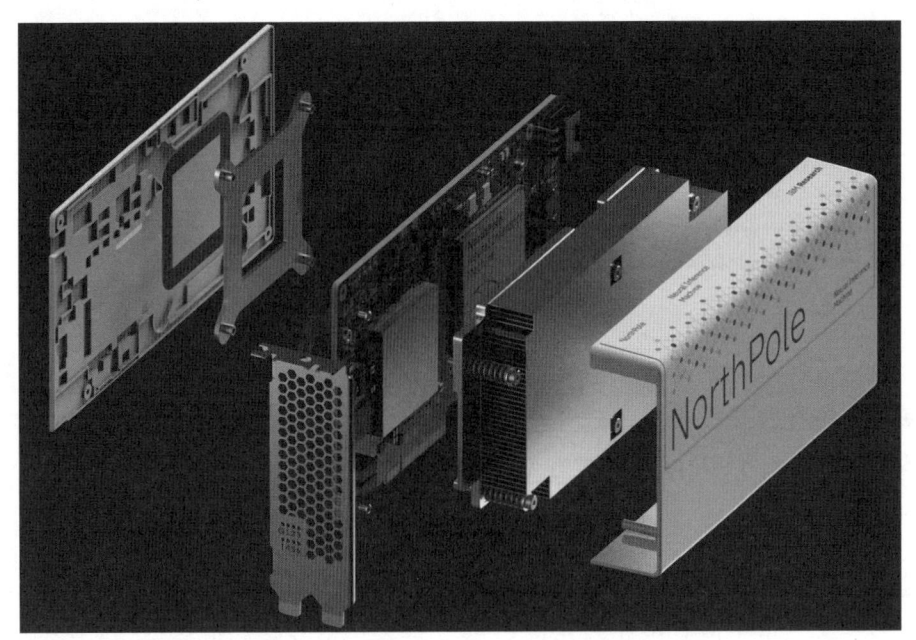

圖 8-2：IBM NorthPole 神經型態晶片（中）及其電腦外部構成
圖片來源：IBM

09 Chap. 1

混合量子經典運算

　　混合量子經典（Hybrid Quantum Classical）運算有時也稱量子經典混合（Quantum Classical Hybrid）運算或混合量子（Hybrid Quantum）運算，顧名思義就是同時動用上現行經典運算與量子運算來實現工作。

　　有些量子運算的演算法適合同時運用經典運算與量子運算，例如量子變分電路（Variational Quantum Eigensolver, VQE），這種演算法通常用於化學、材料等模擬應用中，VQE演算有一部份適合交給經典運算、一部份適合交給量子運算，如此整體上可以更快完成計算工作。

　　另外有一些量子機器學習（Quantum Machine Learning, QML）運算也可以同時交付給經典與量子來完成。而各方持續新提出的研究與演算法中，有的也會是同時用及兩種運算。

量子、經典兩者相輔相成

　　或者，目前量子電腦的量子位元數還不足，沒有足夠多的量子位元能用於量子運算上的錯誤偵測與錯誤修正，因此是用有限的量子位元大量計算而後統計其計算結果，然後再透過現行經典運算進一步最佳化，從而獲得正確計算結果。

　　另外量子電腦本身也需要一些控制、校準等工作，或在正式交由量子電腦運算前程式需要編譯（Compile）等，這些工作也是需要現行電腦來完成，基本上量子電腦還是無法完全獨立存在，但在實際問題解算過程上倚賴到經典運算的協助較能稱為混合運算，目前各界多認為混合作法較為務實。

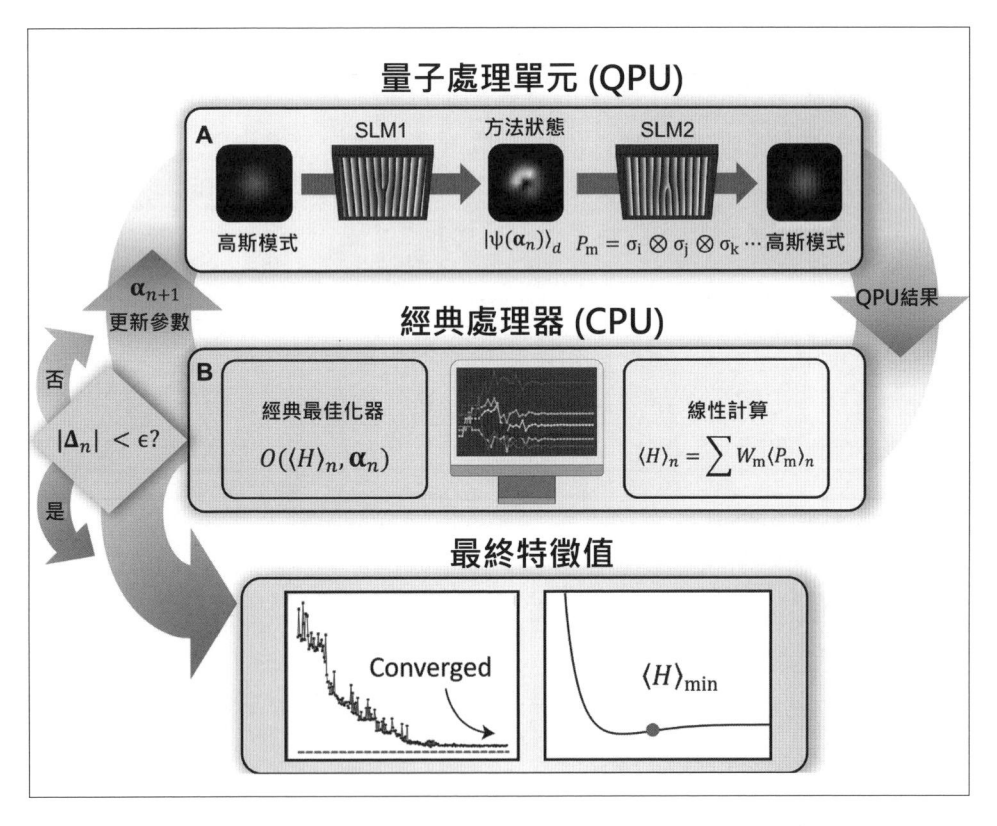

圖9：軌道角動量 Qudit 基礎的 VQE 程序，同時用及量子運算的量子處理器
（Quantum Processing Ubut, QPU）與經典運算的中央處理器 CPU。

圖片來源：Science Advances，作者翻譯

註：此處的經典運算可以是中央處理器（Central Processing Unit, CPU）、GPU、FPGA、ASIC 等現行數位邏輯運算晶片。

Chap. 1　量子電腦基本認知與實現技術　　030　—　031

Chap. 10-1

量子電腦實現技術

接下來我們將進入一連串的技術介紹,這些技術指的是物理性、實體性的運算電路實現技術,即如何實現量子位元,是將哪些量子狀態視為 0 或 1 或介於兩者之間?如電流方向、自旋、偏振等;是用哪些方式來操控量子位元?如微波(Microwave)、雷射(Laser)等;是用哪些方式來讀取(或說偵測)被操控後的量子位元狀態等。

以下將連續介紹目前九種主要的實現量子位元(以此為基礎再擴展成整台量子電腦)技術,這些技術既可用於通用邏輯閘型量子電腦,也能用於退火型量子電腦,或用於經典量子混合運算中的量子部份,但不用於量子啟發最佳化電腦。

技術有其優缺點

量子電腦的九種主要實現技術各有先後,但先行的技術不一定有最大開展,也可能很快陷入發展瓶頸,或者理論上認為最有利後續擴展的技術也可能遲遲無法實用化,技術發展本就充滿不確定性,在量子電腦領域更是能體現。

或者,有些技術有較多的業者擁抱,但並不表示該技術路線最可行;或者有的技術具良好特性表現但卻需要許多配套代價,例如需要較大的實現體積,或者是極低的運作溫度等。

總之九類技術各有特長也更有挑戰,但尚未有某一種技術明顯突破,從而讓量子電腦快速發展,未來也不排除有新的實現技術。

	技術	採行業者舉例
1	超導迴路	IBM、D-Wave 等
2	離子阱	Quantinuum、IonQ 等
3	鑽石空位	Diatope、Quantum Brilliance 等
4	拓樸量子	Microsoft、Bell Labs 等
5	光量子	PsiQuantum、Xanadu 等
6	中性原子	Atom Computing、QuEra 等
7	矽自旋	Intel、SQC 等
8	核磁共振	SpinQ
9	氦電量子	EeroQ

表 10：各種實現量子位元的技術手法

資料來源：作者提供

11 超導迴路技術

　　運用超導迴路（Superconducting Loops）技術（approach，或稱手法）來實現量子比特進而實現量子電腦，是目前最多業者採行的技術，無論是科技大廠或新創都採用，大廠如 Google、IBM、Amazon 等；新創如英國牛津量子電路（Oxford Quantum Circuits, OQC）、美國 Rigetti（NASDAQ: RGTI）等都是。

　　超導迴路的作法是將超導體材料製成的電子迴路冷卻到接近絕對零度（攝氏零下 273.15 度），這時導體內幾乎沒有阻抗，在此條件下讓電流在導體內流動，電流即具有量子效應（疊加、糾纏等），以此實現量子位元。

超導迴路技術的優缺點

　　超導迴路手法的好處是量子邏輯閘的運作速度快、量子傳真度（Fidelity，或稱為保真度）高，而且實現過程中有一段可直接使用現行半導體產業中的標準光刻程序（Lithographics Process）來製造，加上實現成本較低，技術相對成熟等因素，使其成為許多業者的首選技術，包含 2023 年台灣中央研究院物理研究所實現 5 個量子位元的量子電腦，也是使用超導迴路技術。

　　不過超導迴路也有缺點，因為容易受熱干擾而運算錯誤，需要近乎絕對溫度的低溫，低溫成為整體系統中的一個必要負擔（超導本體運作低功耗，但冷卻系統成為額外耗電），或者同調（coherence time，或稱為相干）時間太短，電路佈局複雜，以及微波連接頻率（microwave interconnect frequency）還不能確切掌握等。

圖 11：IBM 傑出工程師 Richard Hopkins 展示量子電腦 IBM Quantum System One，該電腦即使用超導迴路技術實現。
圖片來源：IBM

Chap. 12.1 離子阱技術

　　離子阱（Ion Trap）技術與超導迴路技術相同，也是目前較多業者使用的實現技術，或可說是僅次於超導迴路的受歡迎技術。離子阱是運用時變電場、靜電電場來束縛離子，從而讓其展現量子位元的特性，然後再用特定頻率的雷射（對岸稱為激光）來操控量子位元的狀態、偵測量子位元的狀態。

　　目前採行離子阱技術的代表性業者如美國 IonQ（NYSE: IONQ）、英國 Oxford Ionics、英國 Universal Quantum、美國 Quantinuum（由美國漢寧威爾 Honeywell 量子電腦事業單位收購英國 Cambridge Quantum 後分立出）、奧地利 AQT（Alpine Quantum Technologies）等，而台灣鴻海研究院也有設立離子阱實驗室（IonLab）以進行研究。

離子阱技術的優缺點

　　離子阱技術的優點是極高的邏輯閘傳真度（這意味著錯誤率低，容錯、偵錯、糾錯等設計可相對簡單），同調時間也長，離子完美且高度一致性。另外相對於超導迴路技術，離子阱技術不需要極致低溫也能運作，甚至可以在室溫下運作，但現階段仍以有冷卻的低溫運作特性較佳。

　　至於離子阱的缺點是它的運作速度慢，需要大型的雷射系統，量子位元相互間的連接性低，雷射操控複雜需要精密定位，離子電荷可能會限制擴展性，意即不易擴增量子位元數，或者是需要超高真空（Vacuum）環境等。這些缺點對離子阱技術的持續發展帶來阻礙。

圖12：美國國家標準暨技術研究院（National Institute of Standards and Technology, NIST）物理學家製作的離子阱，誘導兩個鈹離子（帶電原子）進入，此技術可簡化量子電腦的資訊處理，離子被捕獲在中間方形位置內，離子之間相隔約 40 微米，外面用銅殼、金線網包覆以免靜電進入。

圖片來源：NIST

Chap. 13
1

鑽石空位技術

　　鑽石空位、空缺（Diamond Vacancies）技術也稱氮空位中心（Nitrogen-Vacancy Center）技術或色心（NV Color Center）技術，其技術原理是運用人造奈米鑽石形成時，碳原子會呈現晶格狀排列，其中某些位置可能被氮原子取代，而某些位置因為缺碳原子出現空缺，一補一缺形成一個結構。

　　此結構可以讓沒有配對的電子在結構內獨立展現自旋特性，之後再透過外部磁場、微波輻射等來控制電子的自旋狀態，從而形成可操控的量子位元，且直接透過色心的螢光訊號變化來讀取狀態訊息。

　　相對於超導迴路、離子阱，鑽石空位是較少業者採行的技術，且投入者主要為新創，如美國 QDTI（Quantum Diamond Technologies Inc.）與澳洲 Quantum Brilliance，且前者業務已轉向，從運用鑽石空位技術打造量子電腦變成運用該技術打造生醫領域的檢測設備。

鑽石空位技術的優缺點

　　鑽石空位技術的一大優點就是能在室溫下運作，省去極低溫、低溫等設置，量子電腦得以小型化、緊緻化設計，這主要是因為鑽石具有良好的導熱性、化學穩定性，使其在相對高溫下也能運作，也不需要使用雷射等。此外，此技術的一些特性也能應用到量子通訊領域（將於之後的章節說明）。

　　不過，鑽石空位技術也有難以實現量子糾纏態的問題，即量子連結性低，因此現階段難以打造出高數目量子位元的量子電腦。

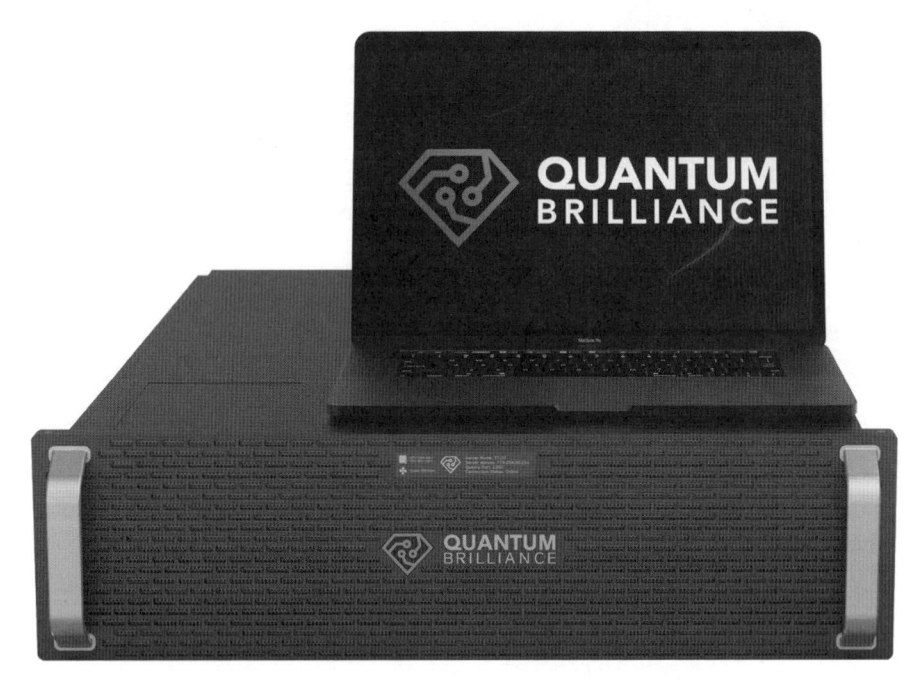

圖 13：澳洲 Quantum Brilliance 公司的量子電腦（稱為第一代模型，Gen1 Model）使用鑽石空位技術實現。

圖片來源：Quantum Brilliance 官網

Chap. 14.1 拓樸量子技術

　　拓樸（Topological）量子技術也稱馬約拉納（Majorana，物理學家，他發現新的粒子）技術，該技術運用超導體、半導體兩者異構成的材料（Superconductor-Semiconductor Heterostructure），以磁場及絕對零度使其產生超導態，進而形成馬約拉納零模（Majorana Zero Mode, MZM），而後成為可控的量子位元。

　　此技術的支持者主要為 Microsoft 與 Bell Labs（貝爾實驗室，最初屬 AT&T 的企業內先進研究單位，之後輾轉至不同企業，2016 年至今屬 Nokia 旗下），2025 年 1 月 Microsoft 正式發佈研發成功運用此技術實現的量子處理器，命名為 Majorana。

　　Microsoft 更具體的作法是在半導體方面採用砷化銦，在超導體方面採用鋁，並將此異構作法稱為拓撲導體（Topoconductor），每兩條拓撲導體線路外加一段超導線路，以一個 H 型構成一個量子位元。

　　不過此發佈也受到著名理論物理學家 John Preskill 及其他科學家的質疑，認為 Microsoft 宣稱技術突破，卻缺乏實際資料數據的支持。在 Microsoft 正式發表前 Microsoft 已投入此技術長達 17 年。

拓樸量子技術的優缺點

　　拓樸量子技術的好處是幾乎不受外界干擾，理論上可以擴展到極多的量子位元，Microsoft 方面認為可以一路擴展到上百萬個量子位元，目前少有業者對某一種量子位元的實現技術給出後續發展的樂觀看法。

至於缺點是因為用及超導體材料，故也需要低溫運作環境，冷卻設備依然不可少，以及過往以來尚無商業化成功的例子，技術挑戰大。

圖 14：Microsoft 於 2025 年 1 月宣佈成功研發運用拓樸技術的量子處理器 Majorana 1

圖片來源：Microsoft

Chap. 15.1

光量子技術

光（Photonics，也有文章寫成光學 Optical、線性光學 Linear Optical）量子技術是以光子的偏振、頻率、相位等特性來表示量子位元。而後光量子的疊加態、糾纏態等是透過波片（Wave Plates）來實現，至於量子位元的操控則是透過各種光學儀器來實現，如波束分離器（beam splitter）、移相器（Phase Shifter）等。

光量子技術有許多新創商投入，如荷蘭 QuiX Quantum、美國 PsiQuantum、加拿大 Xanadu、英國 ORCA Computing、法國 Quandela、德國 PhoQuant，以及英國 TundraSystems 等。

在台灣也有中央、中正、清華、陽明交通等大學合作開發，2024 年 10 月清華大學物理系前瞻量子科技研究中心宣佈成功研發全球最小的量子電腦，此即使用光量子技術。另外此前提及的中國大陸九章系列（包含後續的九章二號、三號等）量子電腦也是以光量子技術實現。

光量子技術的優缺點

光量子技術的好處是極快速的量子邏輯閘運作速度及高度傳真性，不需要絕對低溫或真空等特殊環境，可直接在常溫下運作，整台量子電腦可以小型化製造，而且能大程度沿用現有半導體廠的產能設備來實現，後續具有高度整合、量產等優勢。此外其抗干擾性強、功率低等。

光量子的缺點是來自光子損失的雜訊，光子的產生與控制困難，光學相關元件有損耗、誤差等問題，以及每個程式都要單獨一套電路或晶片等。

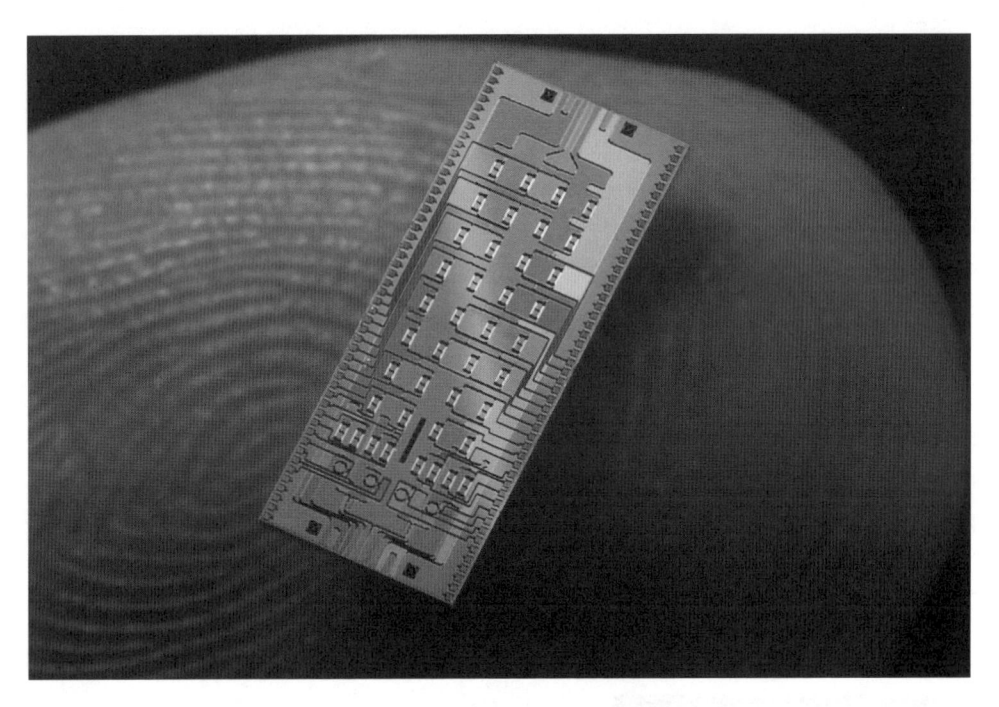

圖 15：加拿大新創商 Xanadu 的 X8 光量子處理器晶片
圖片來源：Xanadu

16 Chap. 1

中性原子技術

中性原子（Neutral Atom）技術也稱冷原子（Cold Atom）技術，之所以稱為中性是它既有帶負電的電子也有原子核內帶正電的質子，而不是使用離子。中性原子的機理與此前說明的離子阱類似，但運用雷射光或電磁力或同時動用兩者來捕捉、困住原子，用原子的內部狀態來充當量子位元，並對其操控與量測。

中性原子技術的支持者主要也是新創商，如英國 ColdQunata（2022年11月改行新的母品牌 Infleqtion）、美國 QuEra、美國 Atom Computing、德國 planqc，以及法國 PASQAL 等。

中性原子技術看似只有新創商有興趣，但其實大廠也有興趣，例如 Google 即在 2024 年 10 月投資 QuEra，顯示 Google 自身以超導迴路技術為主，但對其他技術也有興趣，或 Microsoft 也與 Atom Computing 技術合作。

中性原子技術的優缺點

此技術的優點是有較長的同調時間，原子完美且高度一致性，錯誤率低，量子連結性強，而且不需要絕對零度的極低溫環境，一般室溫環境即可運作，有機會用以較小的容積實現系統，此外系統內的相關佈建也相對簡單等。

另外中性原子可以陣列式排列配置，量子位元的連接可以靈活調整，程式可以直接套用新配置（這是光量子技術所不行的）。但它的缺點是需

要高度真空、速度慢、量測時造成損失,需要較先進的雷射,以及有雷射擴展性的挑戰。

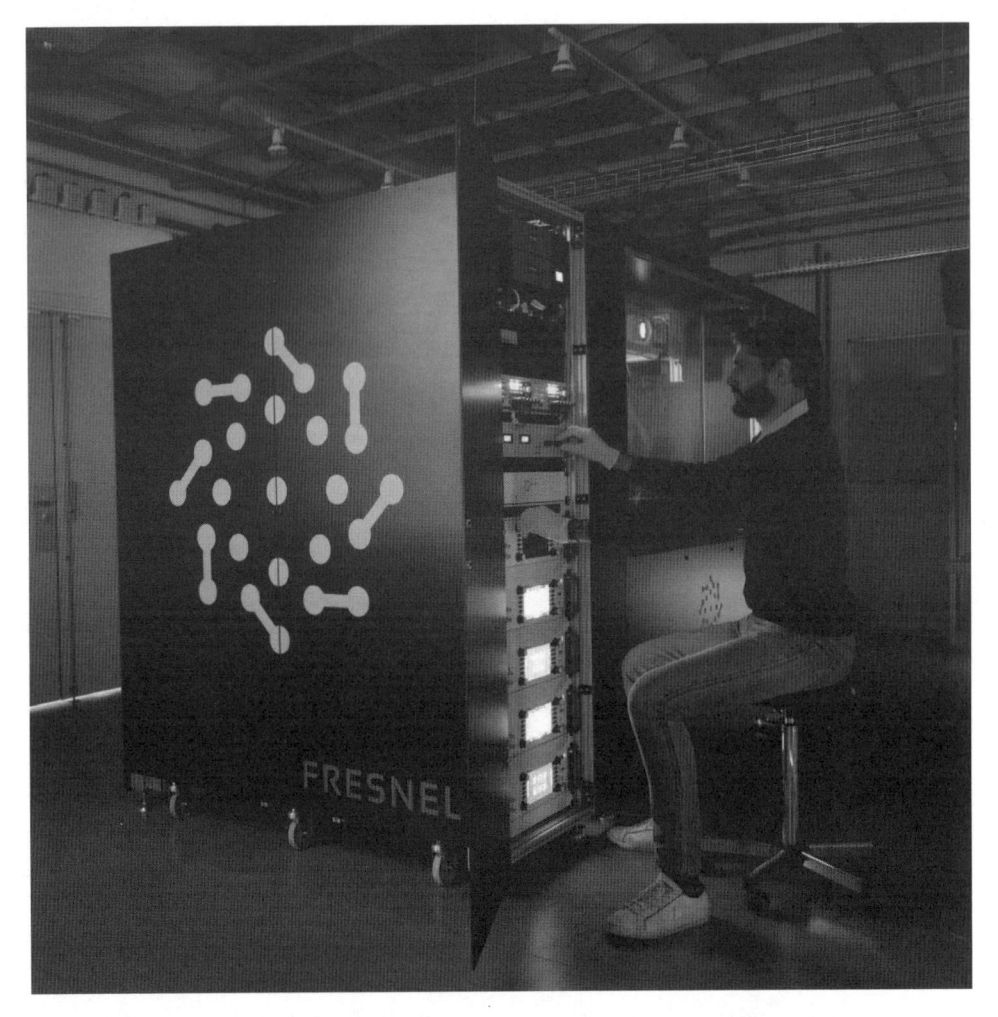

圖 16:法國量子電腦新創商 PASQAL 的中性原子技術量子電腦 FRESNEL
圖片來源:PASQAL

矽自旋技術

矽自旋（Silicon Spin）技術也稱量子點（Quantum Dot）技術，有時也直接稱為半導體技術（此於後述）。作法是將矽元素中的一個電子（或是其他也帶有電荷的載子）困住，用受困電子的自旋狀態來充當量子位元，至於控制方式可以透過微波、電壓或磁場等來實現。

矽自旋技術的主要支持者有美國 Intel、澳洲 Diraq、澳洲 SQC（Silicon Quantum Computing）、英國 Quantum Motion、法國 Quobly 等。學術研究單位也有馬里蘭（Maryland）大學、普林斯頓（Princeton）大學等在研究。

矽自旋技術的優缺點

矽自旋一大優點是可大程度使用現行半導體產業的技術與設備，這也是 Intel 會選擇投入矽自旋技術的最主要原因，Intel 已經在今日普遍使用的 12 吋（或稱 300 毫米）晶圓上製造出採行矽自旋技術的量子處理器晶片。

其他優點也包含此技術的量子邏輯閘速度快、傳真性高、低功耗，或者 Diraq 強調矽自旋的運作成本低廉，以及同一套系統內有大量容納量子位元數的潛能（相對於超導迴路、離子阱、光量子等技術而言）等。

矽自旋的缺點也是需要極低溫，低溫要求僅比超導迴路（目前最需要絕對溫度的量子位元實現技術）寬鬆些，不過支持矽自旋的業者強調其需要的冷卻面積不大。另外有一些糾纏態的邏輯閘同調時間較短，或者有干涉、串音干擾等問題。

圖 17：Intel 開發出研發代號 Tunnel Falls 的量子處理器晶片，該晶片以矽自旋技術製造，生產良率高達 95%。

圖片來源：Intel

Chap. 18-1

核磁共振技術

核磁共振（Nuclear Magnetic Resonance, NMR）一詞相信常常看醫學相關新聞報導的人並不陌生，但其實核磁共振應用的領域很廣，包含石油探勘、藥物檢測等，而用其來建構量子電腦也是其一，並稱為核磁共振量子電腦（Nuclear Magnetic Resonance Quantum Computer, NMRQC）。

核磁共振是透過原子核放射、吸收電磁輻射並與磁場響應而得名，而在量子電腦的應用中，是運用其原子核的自旋特性來充當量子位元，而後用射頻脈衝來對其操控。

由於是操控分子內原子核的自旋，屬於操控一堆集合而不是單一粒子，所以有時不被認為是量子位元、量子電腦技術。另外也有人稱此為液態核磁共振技術（Liquid State NMR, LSNMR），並把鑽石空位技術稱為固態核磁共振技術（Solid State NMR, SSNMR）。

核磁共振的量子運算技術其實很早就發展，但量子位元提升有限，故已少有業者持續深入，或僅用於試驗、教學之用，例如中國大陸深圳量旋科技（SpinQ）即有推出教學用機種。

核磁共振技術的優缺點

核磁共振技術的優點是同調時間長、不需要低溫、極低溫等嚴苛環境、核磁共振的相關設備技術成熟，而且可以用很小的體積就實現；缺點則是量子位元數不易擴展（受限於共振頻率，無法區分出更多的量子位元），以及技術本質上難以整合偵錯、糾錯設計等。

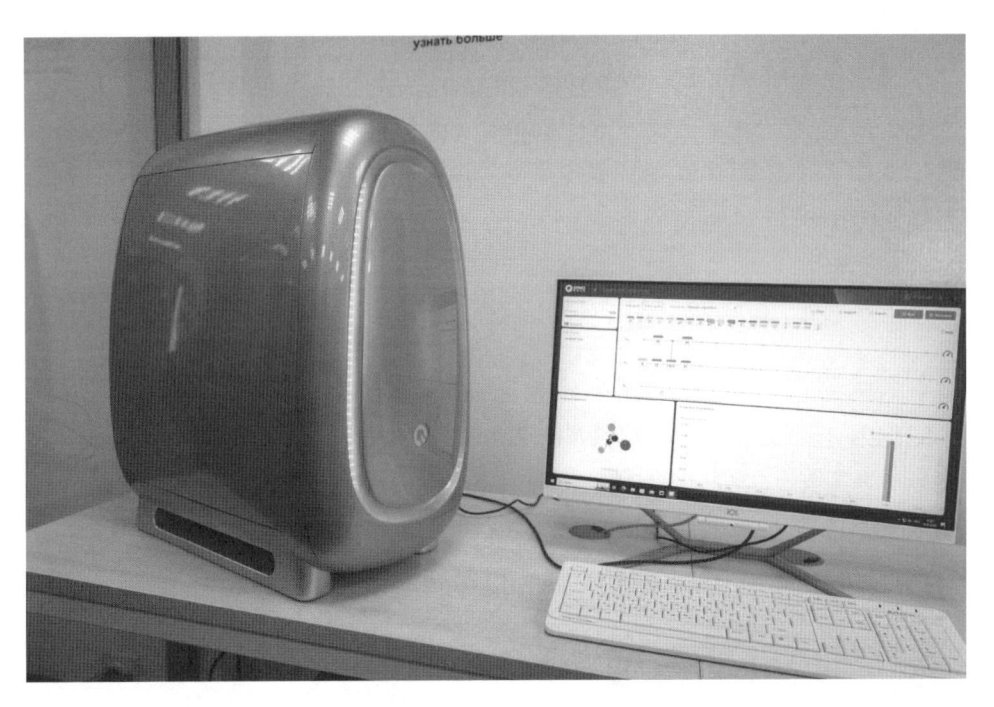

圖 18：深圳量旋科技的核磁共振型量子電腦：
　　　　量旋三角座，擁有三個量子位元，主要用於教學、展示。

圖片來源：量旋科技

Chap. 19

氦電量子技術

氦電量子技術（Electron-on-helium，有時簡寫成 eHe）的原理是讓一個電子被捕捉並懸浮在液態氦（Superfluid 超流態氦，極低溫下幾乎沒有黏性、摩擦力）表面，電子與氦間有微弱的凡得瓦力（van der Waals force）作用，電子因此可飄浮在氦表面約 10 至 20 奈米高度，而量子位元是用電子的能階狀態、自旋等特性來呈現，並使用微波電場、磁場來操控量子位元。

氦電量子技術目前以學術研究單位投入居多，例如日本理化學研究所（RIKEN）、芝加哥大學（University of Chicago）、史丹佛（Stanford）大學、康乃爾（Cornell）大學、朗訊（Lucent）科技旗下的貝爾實驗室（Bell Labs，之後成為諾基亞 Nokia 旗下）等，不過也是有新創商試圖將此技術商務實用化，即 2016 年成立的 EeroQ 公司。

氦電量子技術的優缺點

氦電量子技術的首要好處是液態氦的高純度可讓懸浮在其上的電子幾乎不受外界影響，減少退同調（decoherence）的機會，同調時間較長。同時因為電子被微電極、微波場所束縛，可進一步建構成平面陣列型態，有利於後續擴展；再者，超導共振腔、微波等部份可以使用現行晶片電路製程來實現。

此技術現階段也有要面對的技術挑戰，例如如何穩定操控電子、液態氦需要配套的低溫系統等。也因為目前大廠與新創鮮少選擇此技術路線，故也有許多專文並未將此技術納入主要技術之列。

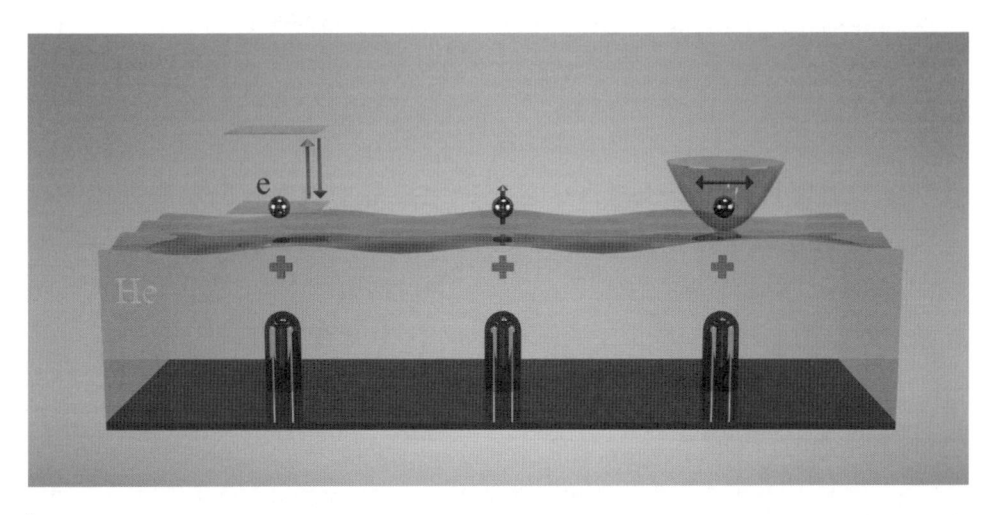

圖 19：浮在氦上的電子，運用其芮得柏（Rydberg，左）、自旋（中）、軌道（右）等特性來表達量子位元。

圖片來源：Prixz5nu 於維基百科

Chap. 20-1

量子霸權、量子容量

量子霸權（Quantum Supremacy）、量子容量（Quantum Volume）這兩個詞分別是由 Google 與 IBM 等量子電腦領域的領先者所強調，所以變成不得不知的兩個產業概念，本章以基礎認知為目標，最後也必須對此有交代。

量子霸權也稱量子優越性，意思是已經透過實證，確定在某些運算上量子電腦確實遠比現行電腦快，Google 在 2019 年發表名為梧桐樹（Sycamore）的量子電腦，強調該電腦 200 秒內就可以完成當時全球最強超級電腦需要 1 萬年才能算完的任務，不過此一實證強調遭 IBM 質疑。

何謂量子容量？

量子容量也翻譯成量子體積、量子密度，由 IBM 於 2019 年提出主張，認為衡量一台量子電腦的能耐，應該是以限定的容積與限定的時間內能提供多少的量子運算力，以此來論斷。

至於量子有多少運算力其實也不單純是檢視該電腦能提供的量子位元數，還必須考慮設備連接（Device Connectivity）、同調時間（Coherence Time）、邏輯閘和量測誤差（Gate and Measurement Errors）、裝置的串音干擾（Device Cross Talk）及電路軟體編譯效率（Circuit Software Compiler Efficiency）等。

IBM 提出此一論點其實也是為了彰顯自家量子電腦的技術提升快速，IBM 強調每一年都能將自家量子電腦的量子體積翻倍，例如 2019 年 IBM

量子電腦 Q System One 的量子體積為 16，此前的機種為 8，期望用戶優先選擇 IBM 量子電腦。

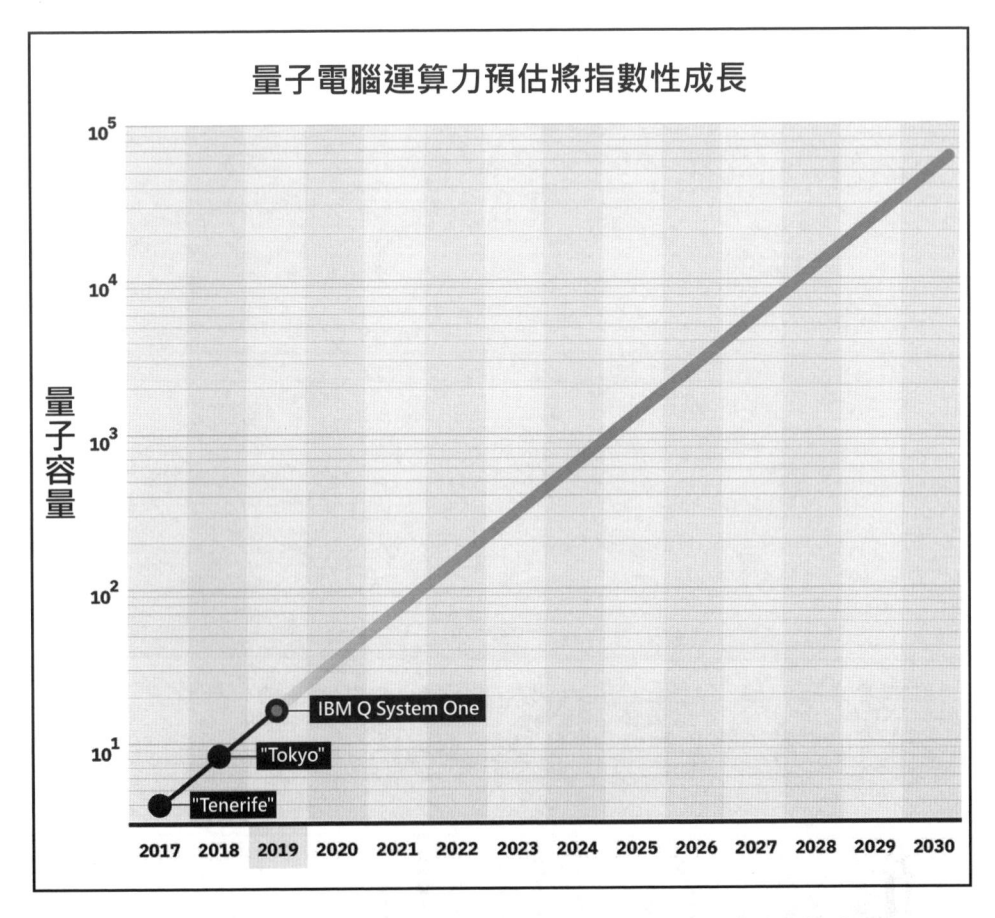

圖 20：IBM 預期其量子電腦的能力將沿著量子容量的指數性線路提升
圖片來源：IBM

Chap. 2

量子電腦現行
與潛在應用

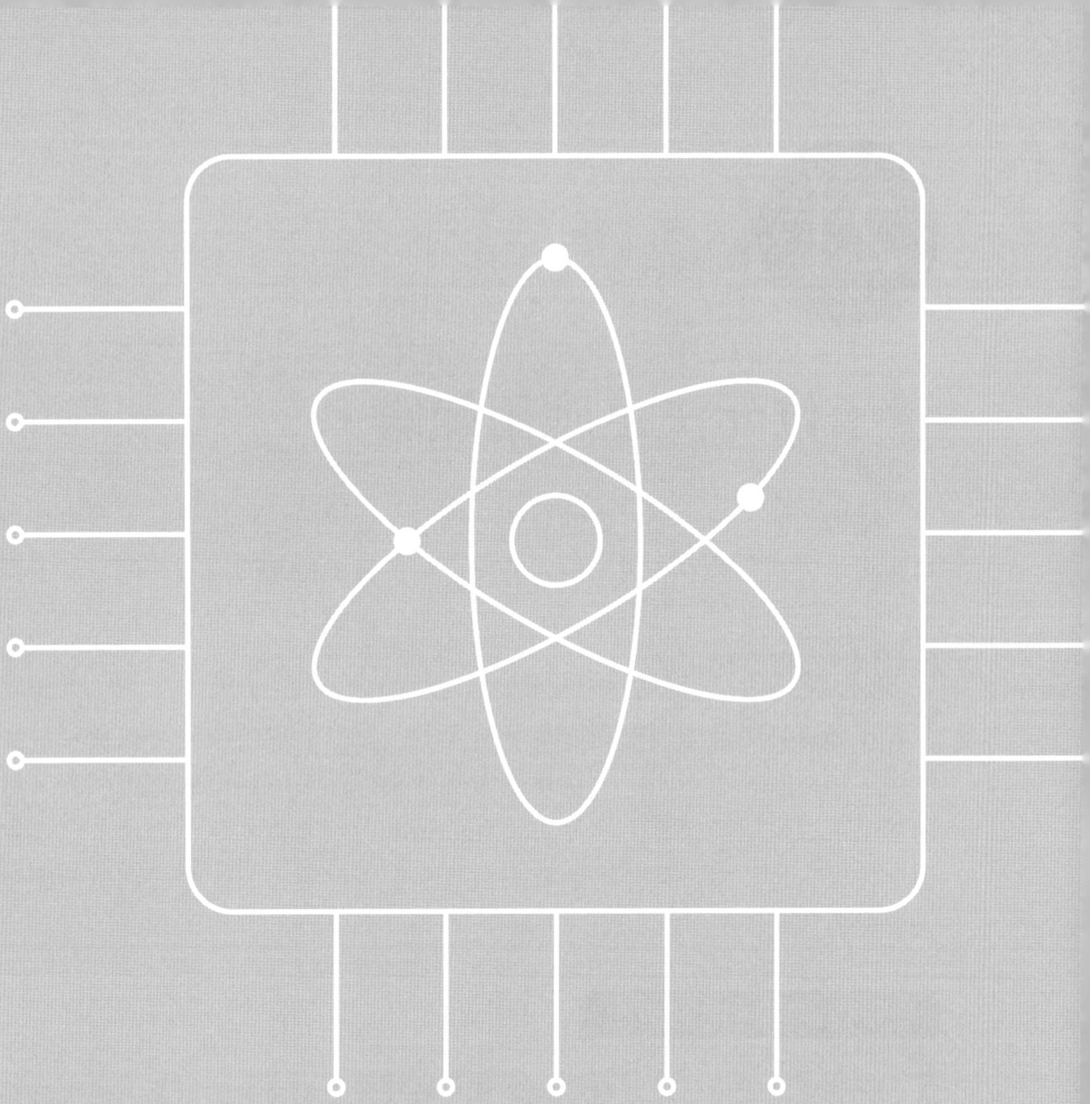

21 → 35

21 量子位元決定應用範疇

透過此前各種實現技術的介紹，相信各位大致已能感受到：量子運算重視量子位元的數目、量子位元的傳真度、量子位元的同調時間、量子邏輯閘的運作速度等，其他有關低溫、真空、雷射、半導體設備投資沿用、控制精細技術等都在其次。

不過這其中最重要的還是量子位元數，較多的量子位元可以實現較多的量子邏輯閘，也決定了一台量子電腦能夠提供多少類型的應用服務，目前甚至可說是量子運算的演算法（Algorithm，對岸直接稱：算法）已經提出，但未有足夠量子位元數的量子電腦來實現運算，即軟體已到位但硬體未實現的特殊景況。

量子位元與應用的對應

到底要多少量子位元數才夠？其實最終理想是百萬個以上，但現實與理想差距甚大，現實多在數十、上百、數百左右，至多上千或數千個，連萬都不及，遑論十萬、百萬。

若在 100 個量子位元下，只能用於小型的化學計算或測試研究；若有 1,000 個以上的量子位元就開始能運用於機器學習、問題最佳化等應用；若有上千到 10 萬個量子位元將能用於更好的機器學習、更好的問題最佳化，或是財務相關應用。

至於 10 萬以上到 100 萬以上則可以有更多的化學模擬或對新藥物進行探索，並有更多產業能受用，包含能源、農業、安全防護領域等。

量子位元數	應用	適用產業
100 個以下	○ 量子電腦硬體測試與開發 ○ 小型化學計算，如 H2、BeH2、LiH 等	○ 透過雲端提供量子運算服務 ○ 大學、企業測試用
1,000 個以上	○ 量子電腦硬體測試與開發 ○ 機器學習、問題最佳化	○ 透過雲端提供量子運算服務 ○ 大學、企業佈建運用
1,000 個到 10 萬個間	○ 更好的機器學習與人工智慧模型 ○ 更好的問題最佳化	○ 透過雲端提供量子運算服務 ○ 大學、金融領域
10 萬至 100 萬個間	○ 化學模擬：肥料、藥品 ○ 能源相關的化學應用 ○ 模擬水晶、金屬、超導體 ○ 破解某些類型的密碼	○ 醫藥業 ○ 能源業 ○ 農業 ○ 安全防護業
100 萬個以上	完整規模的量子電腦	許多產業

表 21：量子位元數與應用對應表

資料來源：參考 EETimes

註：以上所述是指用於運算的量子位元，不含用於穩定、容錯等用途的量子位元。

最佳化問題：工作排程

量子電腦立即可見的實務應用很大程度在於最佳化問題，而工作排程（Task Scheduling）即是最佳化問題的一種，這類的問題運用量子退火或數位退火等運算，能夠比現行運算獲得更快、更好的答案。

以實例而言，帕蒂森食品集團（Pattison Food Group, PFG）是加拿大西部最大的食品、保健品供應商，旗下有 100 多個零售據點與電子商務，而貨車司機的出貨需要派工排程，對此公司內有 3、4 名專職人員負責排程工作，每週都需要花費約 80 個小時才能完成排程。

新冠期間成為改變契機

由於新冠（COVID-19）疫情之故該集團網購訂單遽增，專職排程人員也不堪負荷，因此決議改導入量子電腦來執行排程工作，PFG 運用 D-Wave 公司的量子退火電腦進行計算，原本要 80 個小時的排程工作縮短至 15 小時內完成，縮減時間 80% 以上。

PFG 於 2022 年底完成量子電腦的導入，過程中也運用 D-Wave 主張的 D-Wave Launch 導入程序，該程序可界定企業的問題並評估問題是否適合用量子電腦解決等。

因為貨車物流排程獲得大幅改善（對網購客戶進行出貨滿意度調查，滿意度達 95% 以上），所以 FPG 決定擴大運用量子運算，將其北美（美國、加拿大）的 300 多個店家的員工排班工作也比照貨車調度問題的方式進行解算，但這個解算難度比貨車調度更大。

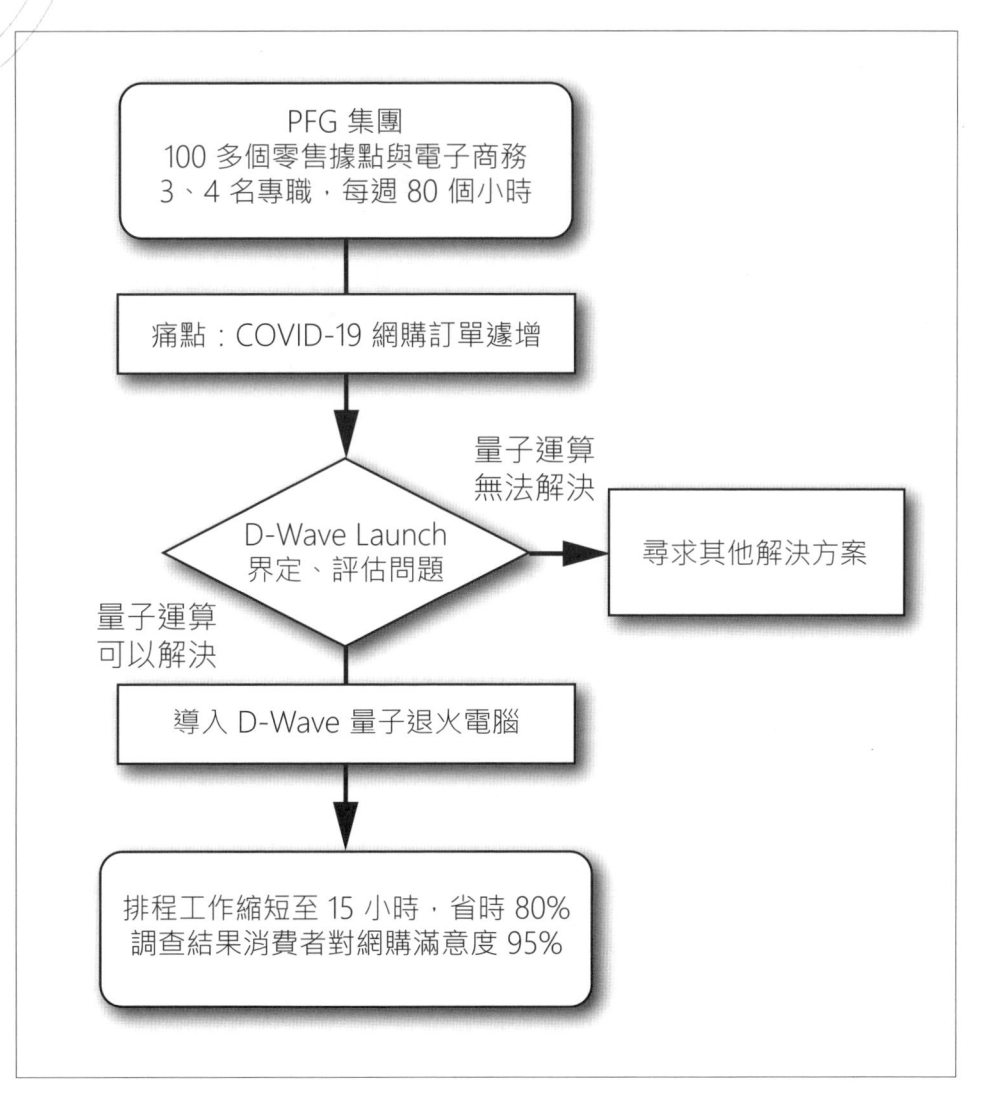

```
┌─────────────────────────────────────┐
│           PFG 集團                   │
│   100 多個零售據點與電子商務          │
│   3、4 名專職，每週 80 個小時         │
└─────────────────────────────────────┘
                    │
                    ▼
┌─────────────────────────────────────┐
│     痛點：COVID-19 網購訂單遽增       │
└─────────────────────────────────────┘
                    │
                    ▼
              ╱╲  量子運算
             ╱  ╲ 無法解決
            ╱    ╲────────▶ ┌──────────────┐
           ╱D-Wave╲          │ 尋求其他解決方案 │
          ╱ Launch ╲         └──────────────┘
          ╲界定、評估╲
   量子運算 ╲  問題 ╱
   可以解決  ╲    ╱
             ╲  ╱
              ╲╱
               │
               ▼
┌─────────────────────────────────────┐
│      導入 D-Wave 量子退火電腦         │
└─────────────────────────────────────┘
               │
               ▼
┌─────────────────────────────────────┐
│ 排程工作縮短至 15 小時，省時 80%      │
│ 調查結果消費者對網購滿意度 95%        │
└─────────────────────────────────────┘
```

圖 22：帕蒂森食品集團（Pattison Food Group, PFG）運用量子退火電腦大幅改善車隊排程時間

資料來源：D-Wave，作者轉化

23 Chap. 2

最佳化問題：維修排程

同樣是量子退火電腦擅長的排程問題，知名企業奇異（General Electric, GE，或稱通用電氣）公司除了銷售設備外，也必須提供設備的售後維修服務，例如發電廠發電機組的動力渦輪、飛機的噴射引擎、醫院的醫療設備等，這些設備的回廠維修會牽涉到相同或不同的檢測設備、維修設施。

奇異公司內有專屬的研究部門 GE Research，為了讓維修設施的運用價值最大化，同時也減少客戶的等待時間，必須對維修進行有效排程，但多類型設備維修的排程涉及 15,000 個維修任務、6,000 個維修相關任務，每個任務涉及 3 種資產設備，總共有 106,500 種規劃性，可謂是大量且複雜的難題。

同時啟用量子電腦與量子雲端運算

為了尋求解方，GE Research 先研擬一個比較小的情境，約是 2,615 次維修與 3,100 個維修相關資源，以及每個維修任務有 2 個選項（Optional）任務等。另外完整的排程需要 45,000 個量子位元的量子退火運算才能辦到，但 D-Wave 至 2025 年 4 月為止最先進的機種 Advantage 約有 5,000 個量子位元。

所以 GE Research 不僅購置 D-Wave 量子退火電腦，也動用 D-Wave 的雲端量子運算服務 Leap 上的混合式求解服務（Hybrid Solver Service, HSS），使用混合式求解服務中的離散二次模型（Discrete Quadratic

Model, DQM）求解器，以此嘗試對維修排程最佳化。不過此應用案例尚未揭露導入前後的量化數據比較。

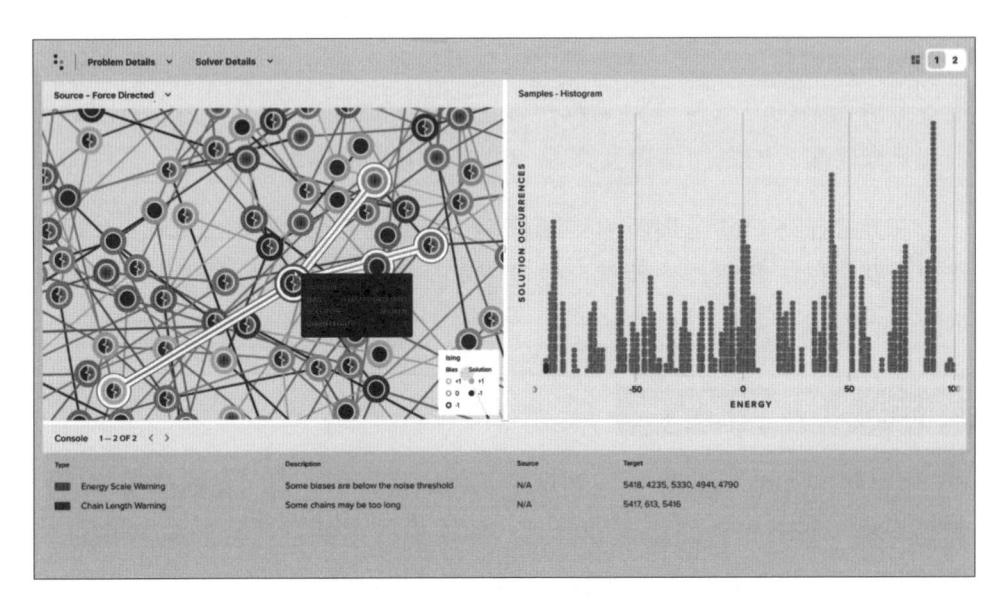

圖 23：D-Wave 雲端量子運算服務 Leap 的使用者介面
（原為黑色背景為主的介面風格，此圖已反白處理）。
圖片來源：D-Wave

能源相關金融商品預測

Chap. 2 - 24

歐洲最大能源公司 E.ON 在歐洲 17 國、4,700 萬個客戶提供電力與天然氣服務，整體能源網路達 160 萬公里。因為 E.ON 響應歐洲能源政策積極引入再生能源（風力、太陽能），使 E.ON 的電網系統營運變得更複雜，同時發電量也難以預期，使電價定價變得複雜，能源開始必須採行類似衍生性金融商品的方式採購交易或避險，但這方面的預測牽涉到太多因素，例如氣候、家戶的電力使用習慣等，用超級電腦也難有解。

在此之前 E.ON 是用蒙地卡羅模擬（Monte Carlo Simulation）來預測電價相關風險，但已無法因應，故 E.ON 向 IBM 量子運算團隊合作尋求計算解方，以量子運算方式求解。

建立新的風險預測系統

E.ON 與 IBM 合作發展新的風險訂價模型，不過量子電腦的量子位元數仍有限，必須先將問題拆解成多個部份再行求解，這方面用上 IBM 的 Qiskit 量子軟體開發套件（Software Development Kit, SDK）。

程式開發完成後先在 27 個量子位元的 IBM 量子電腦試行，之後 IBM 推出新一代的量子電腦，量子位元數擴增達 127 個，再將程式改在新電腦上執行，之後也能運用在更先進的 IBM 量子電腦。

E.ON 的目標不僅是開發出一套新的能源交易風險管理、訂價系統，後續也希望在整體營運上的各層面也使用量子運算，如能源網（Energy Grid）相關的機組預定、經濟調度等均有可能。

圖 24：IBM 的量子電腦 IBM Quantum System One，內有名為 Eagle 的量子處理器，該處理器達 128 個量子位元。

圖片來源：Quantum Zeitgeist

25 Chap. 2

衍生性金融商品定價

既然歐洲能源商 E.ON 可以將量子電腦用於能源金融商品領域，那也就可以用在真正的金融商品領域，而高盛（Goldman Sachs）即運用量子電腦在衍生性金融商品的定價上。

衍生性金融商品有許多種，常見的例如股票選擇權（Stock Option），這些衍生性金融商品的合約牽涉到複雜的統計模型計算，計算中必須考慮現有價值與未來情境等，這些複雜的模型計算只有些許改進就能產生極大價值。

與 E.ON 相同的，此方面的計算高盛使用蒙地卡羅演算法，但需要 100 萬步才能完成計算，相對的若使用量子演算法則只需要 1,000 步即可，這方面高盛於 2020 年與 IBM 合作研究，並發表了相關論文「A Threshold for Quantum Advantage in Derivative Pricing.」，即若想在衍生性金融商品的定價運用量子電腦計算並發揮比現行計算還佳的效果，其最低門檻條件為何，此是以目標可贖回遠期契約（Target Accrual Redemption Forward, TARF）為實例來研究。

運用量子雲端運算與工具

高盛更後續的研究分析也用上 Microsoft 的雲端量子運算軟體工具，例如量子運算專屬程式語言 Q# 或者是函式庫（Library），另外也用及模擬器（Simulator）來找出開發上的錯誤。

整體而言，高盛善用量子演算法的結果是讓金融衍生性商品的計算更快速也更精準，從而讓開發版本快速迭代更新。更後續高盛也與英國量子計算公司 Quantum Motion 合作，以實現更複雜的金融計算。

圖 25：Quantum Motion 公司是由倫敦大學學院（University College London, UCL）John Morton 教授（左）與牛津大學 Simon Benjamin 教授（右）所創立

圖片來源：Electronics Weekly

26 Chap. 2

油品事業的化學研究

量子運算也能用於化學研究領域，例如日本石油公司引能仕（ENEOS，由 Energy 與 Neos 兩字結合而成）集團為了進行化學研究，需要分析分子的振動頻率，透過分析才能進一步評估相關化學反應，以便改進其油品，例如如何更好地精煉石油、生產氫氣的催化反應分析（ENEOS 也有涉足氫能領域）、在潤滑油等產品內加入添加劑有可能產生何種反應等。

這些化學模擬計算也是以現行運算系統難以達成的，故引能仕尋求以量子計算方式來展開研究，不過引能仕自身不擅長量子相關演算法，故於 2020 年策略性投資一間 2018 年成立的量子演算法公司 QunaSys，並交付其開發工作。

量子電腦、量子雲端服務

QunaSys 主責量子演算等相關軟體開發，但依然需要量子電腦硬體系統，此方面引能仕使用漢寧威爾（Honeywell）的離子阱技術量子電腦，之後漢寧威爾將其量子電腦事業部分立成 Quantinuum 公司。

另外引能仕搭配使用 Microsoft 的量子公有雲服務 Azure Quantum，使用 Microsoft 針對量子運算打造的軟體工具，如量子運算程式語言 Q#、量子運算軟體開發套件 QDK（Quantum Development Kit）等。

引能仕已成功運用量子運算模擬水、甲醇等分子的振動頻率分析，並在 Microsoft 的技術年會 Microsoft Build 上公開分享其成果。另也與

QunaSys、IBM合作研究分子基態能量（Molecular Ground State Energy）計算，同樣有利於後續油品開發改進。

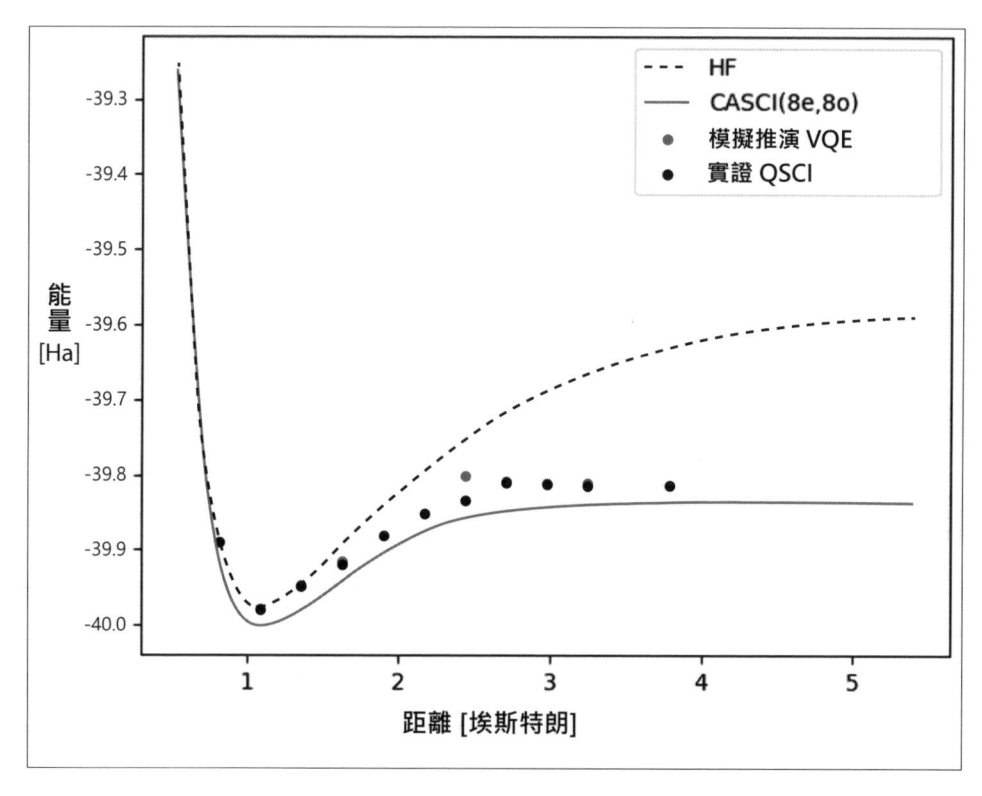

圖26：引能仕與QunaSys、IBM合作研究分子基態能量的量子計算，圖為甲烷分子使用某一基本組（basis set）的碳解離曲線分析。

圖片來源：QunaSys

Chap. 2

27

用於天氣預測

量子電腦也可以用在氣象預測上，一直以來氣象預測都需要動用龐大運算力（現行、經典運算型態）的超級電腦（Supercomputer），而也有業者或機構開始嘗試用量子演算法來預測，例如全球最大的化學品製造商德國巴斯夫（BASF）就與法國量子電腦公司 Pasqal 合作，運用量子演算法來預測天氣。

巴斯夫旗下也有農業解決方案的事業單位，因此需要關注天氣，巴斯夫希望天氣預測更為準確，以便讓作物生產最大化。預測的演算涉及流體力學的計算、偏微分方程等，對此 Pasqal 也開發專屬的量子演算法，以便 Pasqal 的量子電腦可以進行天氣的模擬計算。

BASF 原本預估這套天氣預測模型需要 10 年才能達到穩健預測效果，但與 Pasqal 合作只用 3 年便完成。

量子運算運用於化學模擬

另外巴斯夫自身也看好量子運算的未來發展，該公司有專屬的策略投資部門 BASF Venture Capital，該部門投資美國量子新創公司 Zapata Computing。或者巴斯夫自身的業務屬性之故也有分子化學反應模擬的需求，過往也是自行打造超級電腦來進行，之後則嘗試與量子運算新創商 Kipu Quantum 合作，嘗試以量子運算加速化學模擬。

Kipu Quantum 方面認為自身開發的量子演算法獨到，搭配上量子電腦的計算有望比其他演算法快上 500 倍，如此有助於巴斯夫更快開發新化學品或改善化學品。

圖 27：德國化學品公司巴斯夫（BASF）為了分子化學反應模擬而建置現行經典運算型態的超級電腦，並將其取名為 Quriosity，以及寫上運算力 3.0PetaFLOPs。

圖片來源：BASF

28 金融詐欺更精準偵測

Chap. 2

金融業的資訊系統本來即有各種異常交易的偵測設計，包含異常的匯款、異常的信用卡消費、異常的股票交易等，系統都會提出警告以便讓專業金融人員進一步關注確認。

不過偵測系統並非萬能，偵測機制的設計通常是以過往的經驗法則為基礎，有時也會誤判、誤放、誤抓，例如系統偵測到某筆交易可能是詐欺，實際確認卻不是，等於浪費金融專業人員的時間；或者明明是詐欺卻沒有發出警示，等於是縱放；或者，明明不是卻顯示為詐欺，一樣耽誤到金融人員的時間，甚至可能打擾到客戶，客戶感受差，連帶客戶滿意度也可能降低。

更佳的金融詐欺偵測機制

為了減少誤判、誤放等情事，匯豐銀行（The Hongkong and Shanghai Banking Corporation Limited, HSBC）導入量子機器學習（QML），運用量子電腦（165個以上的量子位元）並搭配機器學習演算法，開發新的金融詐欺偵測機制。

不過，整體演算法中也有部份倚賴現行運算（經典運算），即前述的混合量子經典運算作法，但匯豐在經典運算部份採行 NVIDIA 的繪圖處理器（GPU）而非中央處理器（CPU），並使用上 NVIDIA 的 CUDA-Q 函式庫等。

新的詐欺偵測系統上線後，真的有詐欺並被系統抓出的，增加了 2%，

意即偵測能力增強且誤放率降低，同時「抓了但卻發現不是」的誤抓率也降低，約降了 4%。

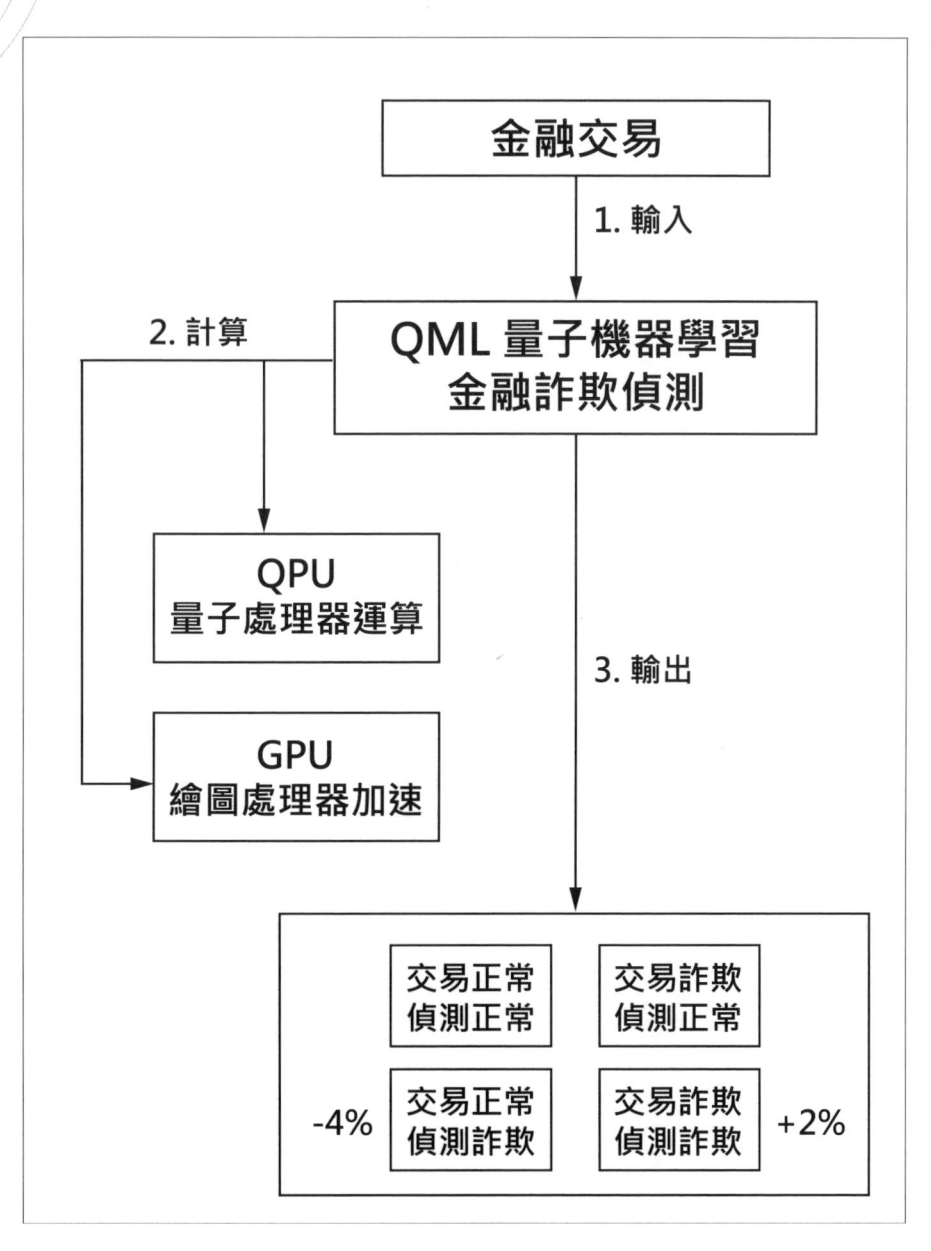

```
金融交易
    │ 1. 輸入
    ▼
QML 量子機器學習
金融詐欺偵測
    │
2. 計算
    │
    ▼
QPU
量子處理器運算

GPU
繪圖處理器加速

    │ 3. 輸出
    ▼
┌─────────────┬─────────────┐
│ 交易正常    │ 交易詐欺    │
│ 偵測正常    │ 偵測正常    │
├─────────────┼─────────────┤
│ 交易正常    │ 交易詐欺    │
│ 偵測詐欺    │ 偵測詐欺    │
└─────────────┴─────────────┘
     -4%           +2%
```

圖 28：量子運算運用於金融交易詐欺示意圖
圖片來源：作者提供

29 新材料開發

Chap. 2

量子電腦可以用於各種新材料開發，例如美國波音（Boeing）即與 IBM 合作，試圖用量子電腦加速航太領域複合材料（Composite Material）的開發，期許新材料能讓新的航太設備更輕更堅固更耐久使用。

複合材料的設計開發牽涉達 10 萬個以上的變數，要用現行經典電腦模擬運算曠日費時，故尋求用 IBM 的量子電腦加速計算，先將問題分解成一小部份，從 40 個變數開始嘗試，這已是同時間相同類型問題的最大規模解算挑戰。

波音的目標是開發出新的機翼材料，另外波音也期望用 IBM 量子電腦開發出新的機身塗料，使飛機能有更強的抗腐蝕性。

空中巴士、BMW 用於電池材料研發

不僅波音，空中巴士也與寶馬集團（BMW，含轄下 MINI、Rolls-Royce 等品牌）合作，運用 Quantinuum 的量子電腦來模擬燃料電池（或稱氫能電池）催化劑的化學反應，以便開發出更好的催化劑材料。

空中巴士與寶馬的合作其實是雙方都看好氫能技術，空中巴士有意開發氫能飛機，而寶馬則有意開發氫能車，故雙方在此方面達成合作。

類似的也有英國莊信萬豐（Johnson Matthey）與 Microsoft 合作，運用 Microsoft 的 Azure Quantum Elements 量子運算工具及服務來開發新的氫能電池，或荷蘭阿克蘇諾貝爾（AkzoNobel，品牌如得利塗料）用於開發新的油漆塗料，希望新油漆能更環保、更有助於環境永續。

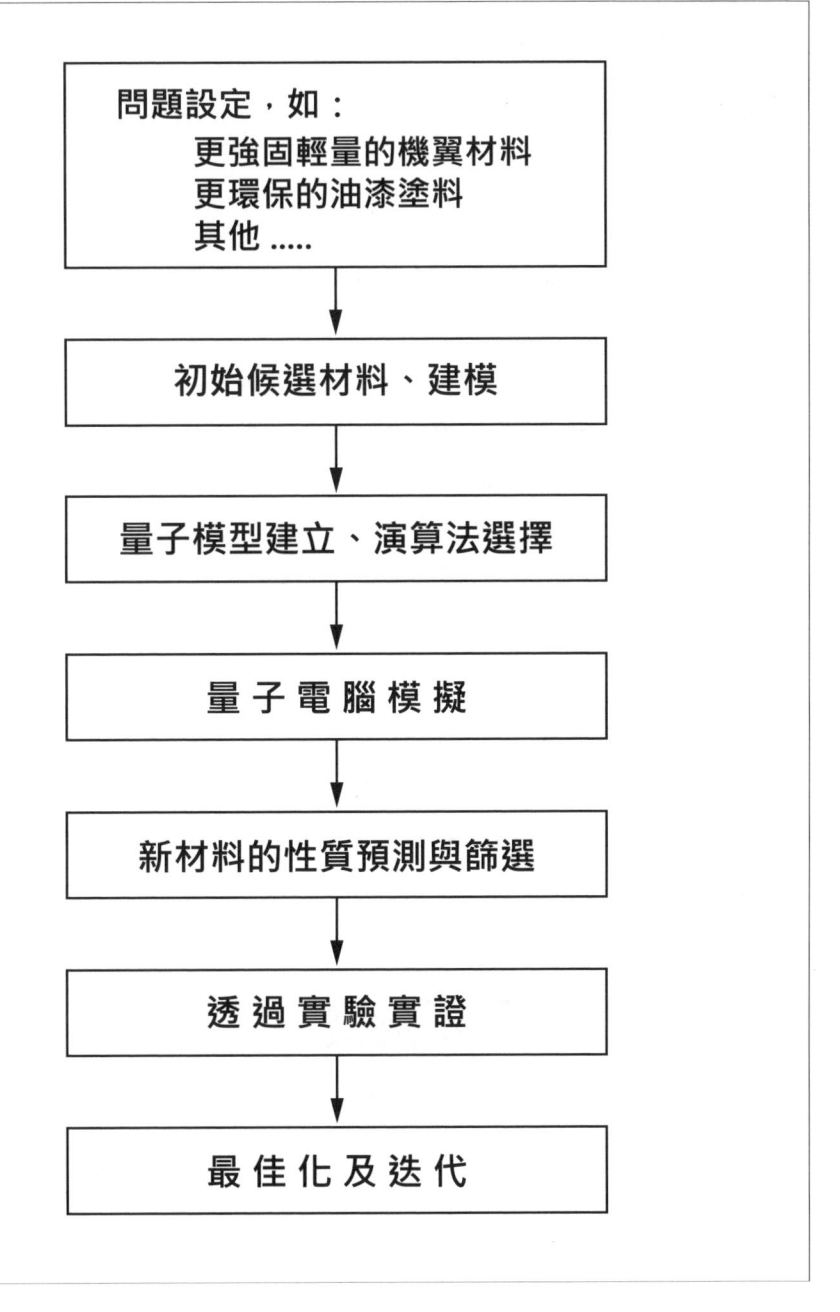

```
問題設定,如:
    更強固輕量的機翼材料
    更環保的油漆塗料
    其他……
        ↓
初始候選材料、建模
        ↓
量子模型建立、演算法選擇
        ↓
量子電腦模擬
        ↓
新材料的性質預測與篩選
        ↓
透過實驗實證
        ↓
最佳化及迭代
```

圖 29:量子運算運用於新材料開發流程圖
圖片來源:作者提供

Chap. 2 - 30

新藥物探索與開發

　　量子運算可用於新藥物的發現與開發（Drug Discovery and Development），例如用於模擬藥物的分子結構、模擬藥物分子與生物體的作用等，例如大型生物製藥公司 Roche、Boehringer Ingelheim、Novartis 等都已經設立了專門的量子實驗室，為此購置量子電腦以用於藥物發現。或者 Sanofi 和 Astra Zeneca 等製藥公司也運用人工智慧與量子計算來加速藥物設計，也稱電腦輔助藥物設計（Computer-Aided Drug Design, CADD）。

　　類似的，2022 年 11 月 IBM 與量子新創商 Algorithmiq 合作，運用 Algorithmiq 的演算法來大幅縮減藥物探索的時間和成本，另一家量子電腦商 QCI（Quantum Computing Inc.）也同樣與 Algorithmiq 合作；或 D-Wave 公司的量子退火電腦也能加速藥物分子篩選和結構模擬，D-Wave 也參與了 COVID-19 相關藥物的多肽設計研究。

更多業者積極投入量子新藥探索

　　進一步的，美國生技公司 1910 Genetics 即運用 Microsoft 的 Azure Quantum Elements 來加速新型大分子藥物、小分子藥物的探索；D-Wave 也與日本菸草公司（Japan Tobacco Inc., JT）旗下的製藥部門完成量子新藥探索的概念驗證（Proof of Concept, POC）。

　　事實上生技製藥領域早就動用大量現行電腦來加速新藥研究，甚至動用家戶的閒置運算力來投入研究（家戶必須自願，稱為自願運算、慈善運算），但現行運算方式仍過於緩慢，而量子運算則可以大幅加速此一探索

計算，Microsoft 甚至提出「Accelerating 250 years of science into the next 25 years.」的主張。

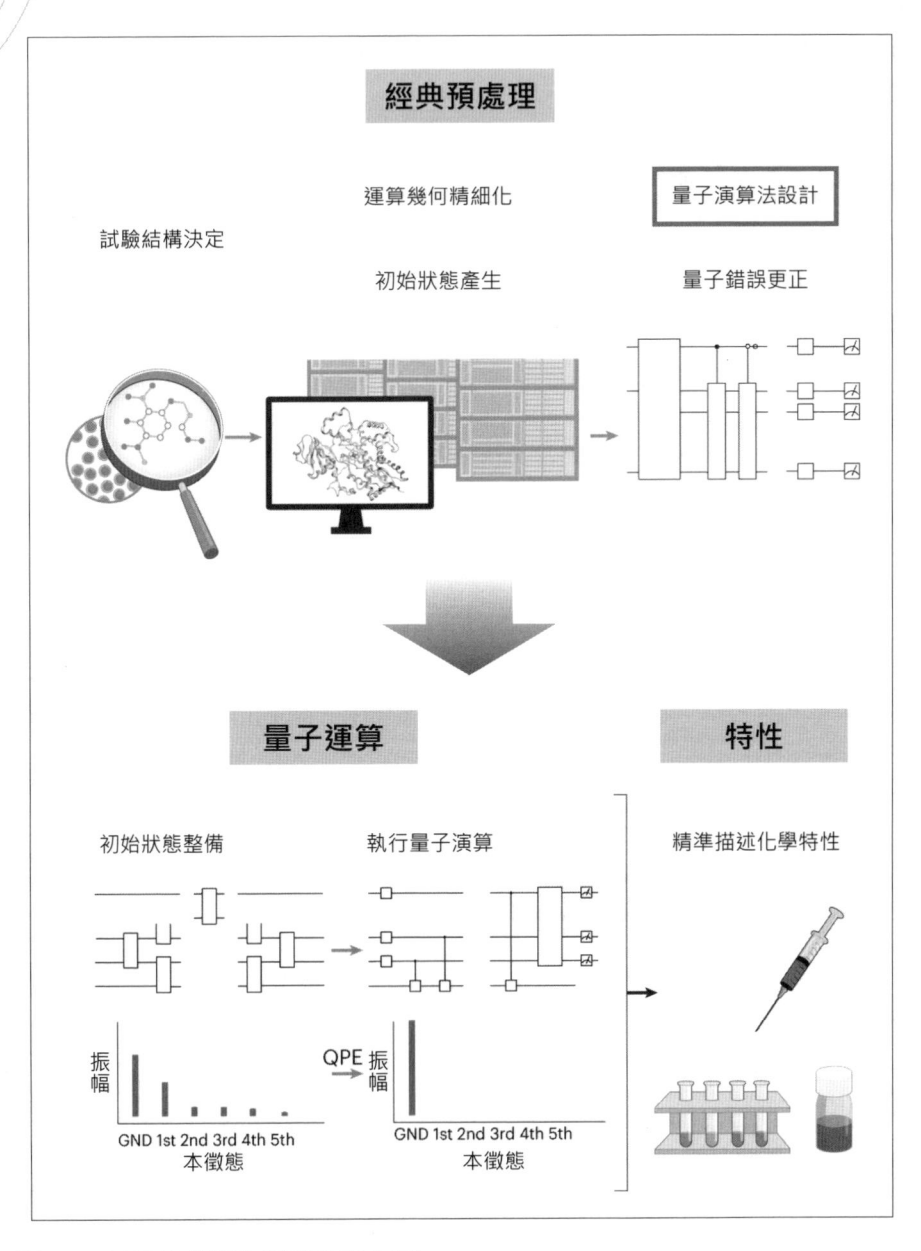

圖 30：量子電腦探索新藥物程序圖。
資料來源：nature physics，作者翻譯

31 Chap. 2

減少交通壅塞

同樣與最佳化問題相關的，各界也嘗試用量子電腦來解決交通壅塞的問題，例如豐田集團的豐田通商（Toyota Tsusho）即與 Microsoft、日本新創商 Jij 等共同研究如何透過交通號誌的最佳化調控來增加車流量、減少路口壅堵，目標是減少 20%。

與此類似的，歐洲客機霸主空中巴士（Airbus）也在研究如何運用量子電腦讓飛航更經濟、更節能減碳，其中量子演算法將空中交通限制、天氣模式等因素考慮進去，以便求出更佳的飛航軌跡規劃。

為此 2023 年底空中巴士與矽谷創新中心 Acubed 合作，啟動量子飛航軌跡最佳化的研究（Quantum Trajectory Optimisation）。另外更早之前的 2022 年空中巴士即已運用 IonQ 公司的量子電腦來計算如何讓空運貨櫃安排最佳化。

海、陸、空交通規劃均適用

類似的，隨著無人機（Unmanned Aircraft System, UAS）運用日益發達，無人機量多且起降頻繁，過往客機所用的飛航規劃可能不適用，為此日本住友商事（Sumitomo）、日本東北大學（Tohoku University）與無人機飛航管理系統（UAS Traffic Management, UTM）公司 OneSky Systems 合作，啟動了一項試點研究，利用量子運算嘗試為城市空中交通開發數條飛行路線。

或者日本富士通（Fujitsu）運用其數位退火技術的量子電腦，成功為

德國漢堡港務局（Hamburg Port Authority）降低車輛行駛時間、減少碳排、減少交通堵塞，提供港區交通與物流效率；或美國石油公司埃克森美孚（ExxonMobil）與IBM合作進行運送船的航線規劃等。

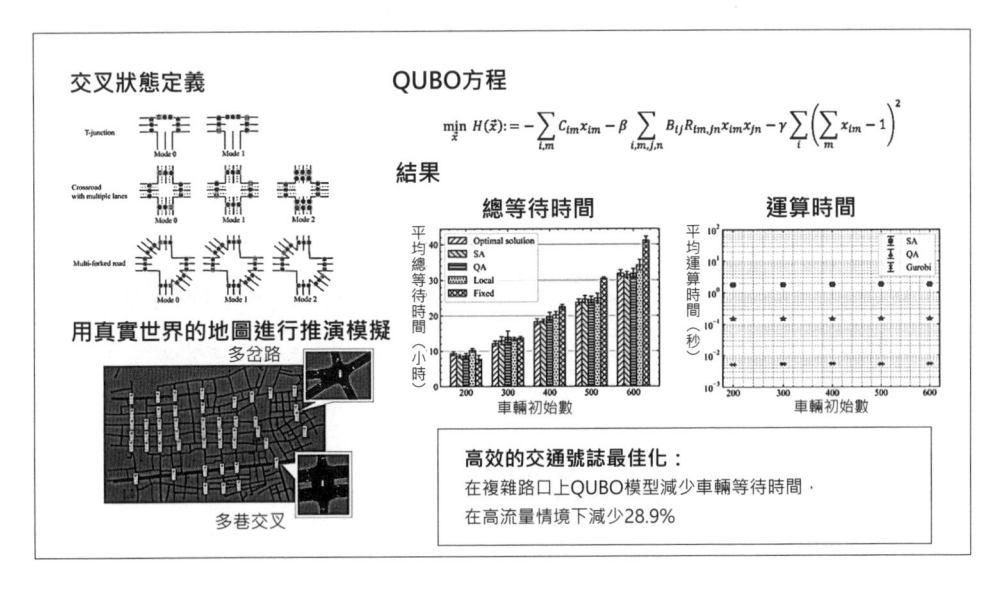

圖31：運用量子退火運算實現交通號誌最佳化

圖片來源：JPS Hot Topics，作者翻譯

32 製造業製程與研發設計精進

Chap. 2

　　與此前最佳化問題類似的，在製造業的生產過程中也有類似路線規劃排程精進的問題，此方面同樣可運用量子電腦求解，以減少重複與浪費，並提升製造效率。

　　舉例而言，德國寶馬集團（BMW）不僅積極運用量子電腦開發新的電動車電池材料，也在現行汽車生產線上，運用量子電腦的規劃來操控生產線上機械手臂的噴漆工作，使汽車的噴漆程序更有效率，此方面的應用是與美國 QC Ware 公司合作完成。

　　不僅 BMW 如此，另一家德國車廠福斯汽車（Volkswagen, VW）也同樣在汽車噴漆塗裝上導入量子運算規劃。附帶一提，福斯也與加拿大 D-Wave 公司合作，共同研究葡萄牙里斯本（Lisbon）的交通規劃，包含預測交通流量與公車路線規劃。

流體力學設計模擬與飛航相關模擬

　　量子運算也能用在有偏微分方程計算的應用上，例如可用在需要流體力學（Computational Fluid Dynamics, CFD）的運算模擬上，如此各種移動載具的外觀設計均可運用，包含飛機、船舶、汽車等，透過模擬減少風阻，使新設計的飛機、船舶、汽車能更快速且節能。

　　以實例而言，歐洲空中巴士（Airbus）即運用量子運算讓客機的爬升（climb）飛行最佳化，既可有效爬升也能兼顧燃油效率，另外也能於飛機裝載（load）的最佳化計算上，即兼顧運載量與燃油效率。

圖 32：空中巴士將量子運算用於客機流體力學模擬領域
圖片來源：空中巴士

搜尋引擎加速

眾所皆知 Google 透過搜尋引擎（Search Engine）服務來實現網路廣告撮合，讓有意購買者更快看到廣告，讓廠商更快接觸到目標客群，實現精準投放廣告、強化行銷資源效益，但前提還是要有好的搜尋引擎服務。

為了讓廣告撮合業務發展更快速，Google 一方面提升資料中心內的搜尋系統速度，另一方面還開發並向大眾推廣使用快速瀏覽器 Chrome，在供需兩端同時強化效率。

量子電腦加速搜尋

Google 之所以投入開發量子電腦，很大原因也在於它有大幅提升搜尋的潛力，只要有夠多量子位元數的量子電腦，再搭配 Grover 演算法，如此搜尋速度就能大大提升，搜尋引擎服務也就能更快速。

搜尋引擎服務是 Google 的主要業務，但今日各方各面都需要使用搜尋，圖書館館藏搜尋、企業內封存文件搜尋等，這些搜尋若都從現行搜尋技術改成量子電腦搭配 Grover 演算法的搜尋技術，將能大大增快搜尋效率，且是在越龐大的資料量下，量子搜尋技術與現行搜尋技術的差距將擴大，現行搜尋將明顯緩慢，量子依然能保持快速。

不過由於高量子位元數的量子電腦尚未實現，故只能視為極具未來市場潛力的應用，但好處是 Grover 演算法已經存在，故業界可將重點專注在量子電腦的量子位元數增加上，如此快速搜尋方案即可水到渠成。

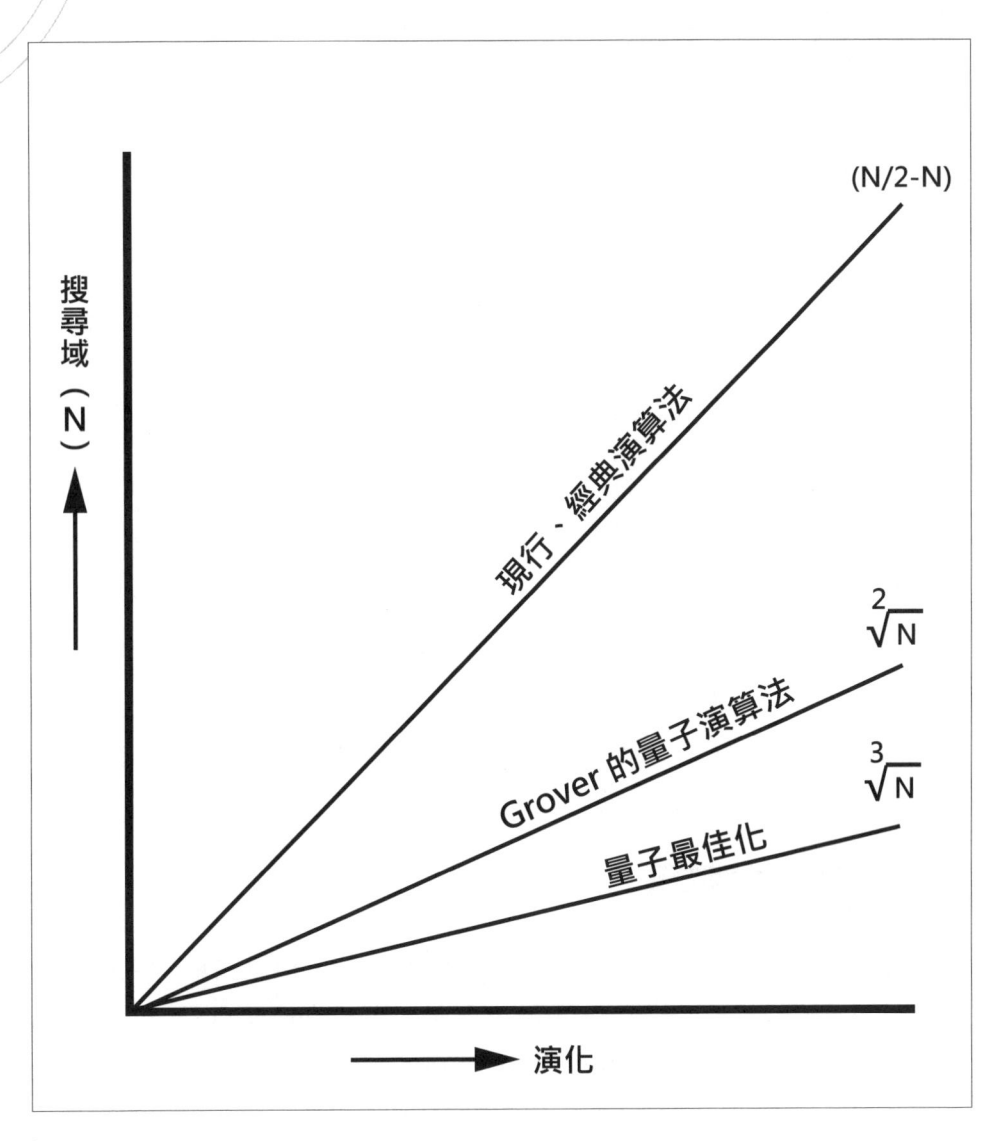

圖 33：現行演算法搜尋與量子演算法搜尋速度差異圖
圖片來源：作者提供

34 Chap. 2

非對稱式密碼破解

非對稱式密碼（Asymmetric cryptography）是今日普遍用於 Internet 上的密碼，或各位更常聽到的是以此密碼為基礎所建構成的體系，稱為公開金鑰基礎建設（Public Key Infrastructure, PKI），各位在 Internet 上各網站的帳號密碼登入乃至線上購物都靠這套體系。

不過量子電腦在量子位元數充足時，再搭配上已經存在的 Shor 演算法，將可以在數秒至數分鐘時間內破解非對稱式密碼，如此各位在網路上的活動將不再安全，任何人的帳密均可能被破解入侵，從而偽裝其身份，進行網路盜刷等。

另外，近年來盛行的數位加密貨幣如比特幣（Bitcoin）、以太坊（Ethereum）等，底層倚賴的是區塊鏈（Block Chain）技術，區塊鏈技術也是同樣會被足夠量子位元數的量子電腦輕易破解。

資安與防務的新戰爭

為了避免被量子電腦破解密碼，其實各界已積極研擬取代現行非對稱密碼的新密碼，一般稱為後量子密碼（Post Quantum Cryptography, PQC）或抗量子密碼（Quantum Resistant Cryptography）、量子安全密碼（Quantum Safe Cryptography），已是種刻意規避量子電腦運算加速特性而另行定義的密碼，理論上無法用量子電腦快速破解。

不過資安領域向來是「魔高一尺、道高一丈」的攻防回敬，未來不排除有新的演算法讓量子電腦能再次快速破解現行密碼或新密碼，因此在未來的資安攻防戰上推測量子電腦難以缺席。

演算法	演算類型	量子電腦破解影響
ChaCha20	對稱密碼	影響有限
AES-256		
SHA-256	雜湊演算法	
SHA-512		
SHA-3		
BLAKE2b		
AES-128	對稱密碼	輕易破解
SHA-1	雜湊演算法	
MD5		
RSA	非對稱密碼	
ECC		
DSA	簽章演算法	
RSA-PSS		
ECDSA		
EdDSA		

表 34：常見密碼相關演算法受量子電腦影響表
資料來源：作者提供

量子運算應用的真實價值

透過前述，推測各位已經概略感受到，量子運算無非是最佳化問題、量子機器學習、化學模擬等相關應用，以此為基礎而應用於各產業，例如最佳化問題對物流業可能是運送路線規劃，對於醫療院所可能是人員排班規劃。

類似的，量子機器學習對於金融業可能是詐欺偵測、對資安委外服務業則可能是資安攻擊偵測等，看來量子運算的本質應用其實不廣泛，至少現階段是如此。

長期價值與變革價值

事實上量子電腦的市場潛力必須從另一面檢視，如果物流車隊因為量子運算而可以減少 2% 路程精省，對龐大車隊而言將是可觀的精省，對於長期營運而言也會是可觀的精省。

另外，透過量子運算去加速探索新材料，則可以給未來無限可能，假若因此發現新的電池材料，電池壽命因此大大延長，各位就不用每一、二年必須回廠換新電池，便利大眾。

或者，透過量子運算發現新的機翼材料、新的肥料、新的藥物，一樣是對世界的大幅改變，例如新的肥料能以更節能方式煉製或減少對環境的衝擊，則有助於環境永續，或新藥物讓病患治癒率大增等。

一旦比其他競爭者先開發出新材料、新藥物、新化學品，其收益將相當可觀，而原本認為昂貴的量子電腦將突然間覺得其開銷微不足道。

量子運算主要應用取向

排程最佳化、路徑最佳化	→ 大規模營運下的精省效率
金融商品試算與定價	→ 規避風險、將收益最大化
發現新材料、新藥物、新化學品	→ 對社會、生活帶來大幅改善、提升
量子機器學習、量子自然語言處理	→ 多種人工智慧相關應用
Shor 演算法、Grover 演算法	→ 密碼破解加速、搜尋服務加速

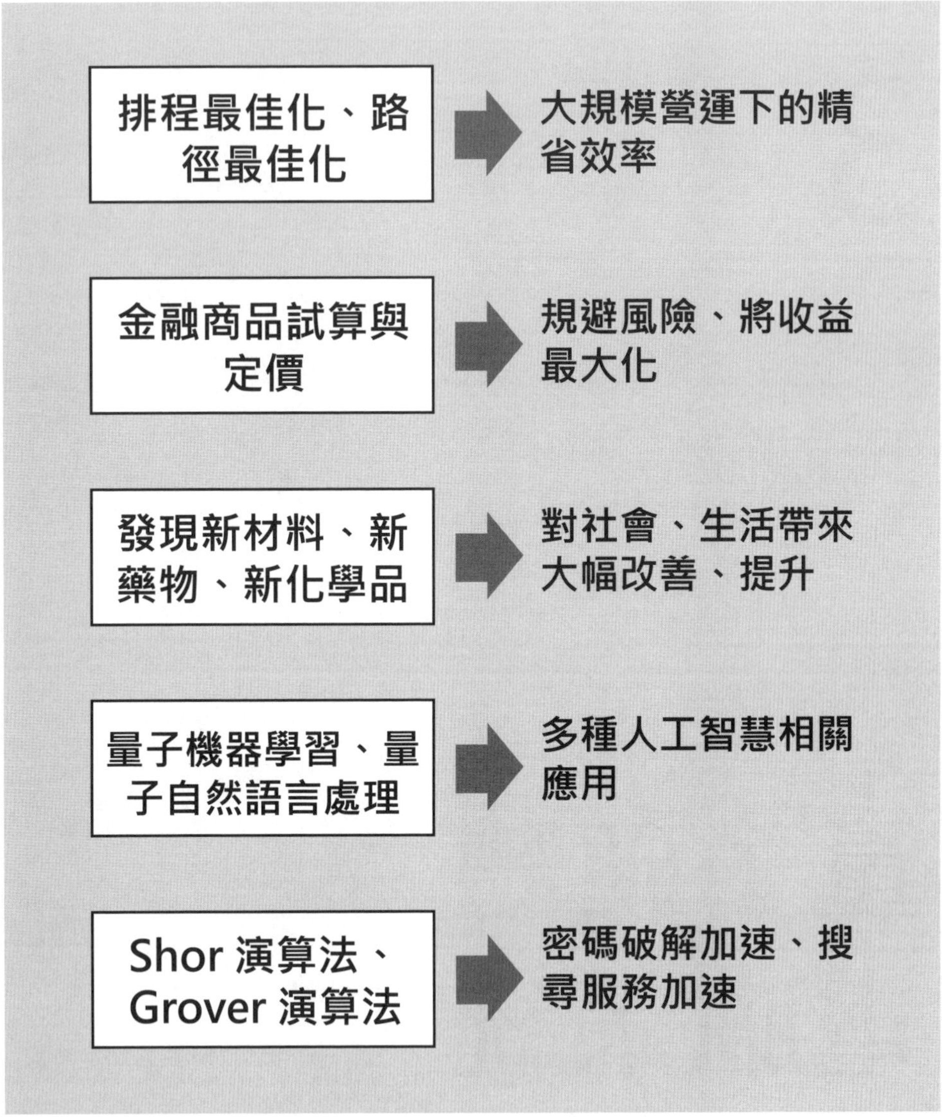

圖 35：量子運算主要應用取向示意圖
圖片來源：作者提供

Chap. 3

量子硬體
電腦系統、
組件概念股

36 ⟶ 45

36 量子電腦硬體商

Chap. 3

量子電腦產業鏈中最關鍵的莫過於量子電腦硬體商，指的是自主研發、生產、銷售量子電腦的業者，更具體而言，即是第一章在連續介紹各種量子電腦實現技術時所舉例的業者。

量子電腦商的領域既有傳統資訊系統大廠也有新創，大廠如 IBM、Microsoft，新創如 D-Wave、IonQ，不過各業者的技術發展進度、商務發展進度不一，例如 IBM 已在市場上銷售數年的量子電腦，但 Microsoft 的量子電腦還在摸索階段，且已經連續 17 年研發。

或者有的量子電腦新創商已經掛牌上市，有的已有量子電腦銷售但公司本身尚未掛牌上市，有的如同 Microsoft 一樣尚在摸索階段，只完成量子電腦整體的一部份，通常是最核心的量子處理器（QPU）部份，但尚未完成整套系統。

量子位元數是關鍵

無論是通用型還是退火型的量子電腦，其量子位元（Qubit）數越多越好，至 2025 年 4 月為止，通用型量子電腦依據業者的不同，多在數十、數百、一千多個量子位元左右。至於退火型因為只需要相鄰的量子相互糾纏即可，故量子數相對為多，已經可以達到五千個左右。

也因為離上萬、十萬、數十萬乃至百萬個量子位元仍有距離，故 2025 年 1 月黃仁勳（Jensen Huang）才會說「非常有用的量子電腦還需要 15、30 年時間」。不過 2 月隨即比爾蓋茲（Bill Gates）表示約再 3、5 年即可。

國別	公司	股票代號	附註
美國	IBM	NYSE: IBM	
美國	IonQ	NASDAQ: IONQ	2021年 SPAC
美國	Rigetti Computing	NASDAQ: RGTI	2022年 SPAC
加拿大	D-Wave Quantum	NYSE: QBTS	
美國	Quantum Computing Inc., QCI	NYSE: QUBT	
--	Defiance 量子 ETF	NASDAQ: QTUM	ETF

表36：已掛牌的量子電腦硬體商
資料來源：作者提供

量子電腦硬體商（通用邏輯閘型）

通用邏輯閘型的量子電腦因為可以適用較多的演算法，未來若持續開發出新的演算法也將持續適用，故一般認為它的潛在銷售市場將大過退火型量子電腦，也因此有較多的業者投入通用邏輯閘型的開發。

不過就實務應用的成熟度而言則是反過來的態勢，由於通用邏輯閘型的量子位元數提升困難，量子位元數尚有限，所以真正能提供給企業實際應用的機種仍不多，反之退火型現階段就已經能運用於企業，並用於解決最佳化問題，即前述的排班排程類問題。

三種技術的進展較快

而如第一章所述，實現量子電腦的方式有七種，但純以提升量子位元數而言，目前以超導迴路表現最佳，採行此類技術的如大廠 IBM（NYSE: IBM）、Amazon（NASDAQ: AMZN）、Google（NASDAQ: GOOG）等。

次之為離子阱技術，投入者如 IonQ（NYSE: IonQ）、AQT 等，而台灣的鴻海研究院也選擇此路線，於 2021 年成立離子阱實驗室，預計 5 年內打造出量子電腦。更次之為中性原子，代表業者如 Atom Computing、QuEra 等。

其餘四種技術的量子位元數則更有限，未來也不排除有其他技術出現或現有技術開始超前領先，或是將兩種技術同時合併運用，如英國 Oxford Ionics 即同時取用離子阱與矽自旋技術，取兩者之長以利後續發展。

	量子退火	類比量子	通用量子
最佳化問題	V	V	V
量子化學		V	V
材料科學		V	V
取樣		V	V
量子動態		V	V
防護運算			V
機器學習			V
密碼			V
搜尋			V

表 37：IBM Research 主張的三種量子運算應用差異表
資料來源：IBM Research

Chap. 3

38

量子電腦硬體商（退火型）

現階段量子退火型的最代表性業者為加拿大 D-Wave，且幾乎沒有其他也高度標榜量子退火技術路線與方案的業者，其最先進的量子電腦已經有 5,000 個以上的量子位元，並標榜已有數百種（約 250 種）量子應用程式可在其電腦上執行，意思是應用範圍廣，不過依然是以最佳化問題求解為主。

D-Wave 的量子退火型電腦也是用超導迴路技術實現的，所以機內也是有極低溫的冷卻系統，故電腦的體積相對龐大，未來若想進一步拓增銷路，體積的收斂與尺寸標準化必然是其課題。

高商務實用化與高垂直整合

從技術路線選擇來看 D-Wave 是一間比較特立獨行的量子電腦商，另一個獨特點是該公司很快貼近企業實務應用，即購買與導入其量子電腦很快能對企業的營運或商務帶來幫助，相對的通用型許多仍是讓企業評估試行，尚無法與實際營運、實際商務結合。

為了快速達成企業的需求目標，D-Wave 也提供自己的導入服務，即自己扮演類似系統整合商的角色，或者也提供其他的配套方案，例如以雲端服務方式使用其量子電腦，不一定要採購其電腦，或採購與雲端租賃兩者同時搭配使用等。

如果投資者希望盡快看到量子電腦相關收益，那 D-Wave 確實為相對進度超前者，但若著眼於長期更廣泛市場應用的收益，則 D-Wave 不會是理想選擇。

項目	說明
主要機種	o D-Wave One o D-Wave Two o D-Wave 2X o D-Wave 2000Q o D-Wave Advantage o D-Wave Advantage2
主要應用	o 派工排程 o 生產排程 o 物流路由 o 貨櫃裝載 o 資源最佳化
指標客戶	o 美國 Lockheed Martin 洛克希德馬丁 o 美國 Google o 美國太空總署 NASA o 加拿大 Pattison Food Group（PFG）物流超市集團 o 日本電信商 NTT DoCoMo o 日本三菱地產 Mitsubishi Estate o 日本電裝 DENSO

表 38：D-Wave 量子電腦簡要整理表
資料來源：作者提供

量子電腦硬體商（數位退火型）

嚴格而論數位退火型不算量子電腦，但數位退火型依然可以解決與退火型量子電腦類似的應用問題。更細部而言，數位退火型有多種實現方式，一是使用單純的現行 CPU 搭配軟體便可實現；二是使用 GPU 搭配軟體來實現。

三是使用 FPGA 晶片搭配軟體來實現；四是使用特別設計生產的晶片來實現（即 ASIC）；五是其他實現方式，例如日本恩益禧（Nippon Electric Company, NEC，舊稱：日本電氣，東証：6701）用其獨有的向量處理器（Vector，大陸稱為矢量）來實現，向量處理器過往主要用於高效能運算（HPC）領域。

日本資訊大廠熱衷於數位退火

在實際市場上，日本業者相對於歐美更熱衷於數位退火型，不僅 NEC，也包含其他日本資訊大廠也投入數位退火，如富士通（Fujitsu，東証：6702）、日立（Hitachi，東証：6501）、東芝（Toshiba，東証：6502）等，甚至日本新成立的業者也熱衷，如 Fixstars Amplify，其母公司為 Fixstars（東証：3687）。

會熱衷於數位退火型，其實是著眼於更快貼近企業需要，且能夠比量子退火的方案更平價，因為是以現成晶片為主進行發展，即便開製新晶片也是現行半導體技術的晶片，而非超導迴路、矽自旋等特有工藝技術的晶片。

目前數位退火以富士通的數位退火單元（Digital Annealing Unit, DAU）處理器能力較佳，實務使用上可達 8,192 個量子位元。

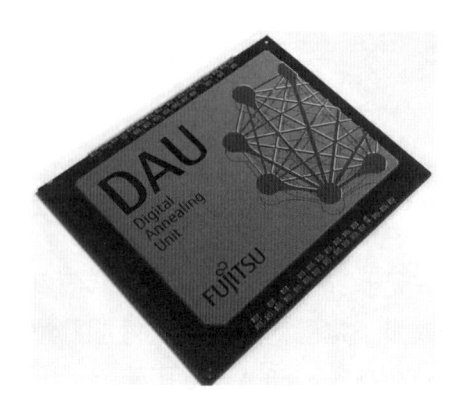

圖 39-1：富士通獨有的數位退火晶片 DAU
圖片來源：富士通

圖 39-2：以 DAU 晶片構成的整機櫃型富士通數位退火電腦
圖片來源：富士通

40 Chap. 3

量子電腦硬體商（混合量子經典）

混合量子經典其實是一種搭組方案，許多業者都可以協助企業用戶搭組，包含現行電腦商或量子電腦商，甚至雲端服務商也在雲端提供搭組方案或提供搭組指引等，如 Microsoft Azure 服務。

在諸多混合方案中，有兩家業者的方案值得持續關注，一是富士通，另一是輝達（NASDAQ: NVDA，港、台稱 NVDIA，大陸多譯為英偉達），兩業者現階段較積極推展混合方案。

先說明富士通，富士通的混合方案並不是指他自身的數位退火量子電腦與現行一般電腦的搭配，而是其他業者的量子電腦、量子晶片與富士通的現行一般電腦搭配，其中一般電腦通常不是單一部電腦，而是許多電腦集結而成的超級電腦，或稱高效能運算電腦。

NVIDIA 技術年會宣告量子日

至於 NVIDIA，雖然 NVIDIA 在 2022 年即提出混合技術主張，鼓勵業界與企業採行用 NVIDIA GPU 搭組混合方案，即現行運算部份採行 GPU，量子運算部份則廣泛接納不同業者的量子電腦。

到了 2025 年 3 月 NVIDIA 的例行技術年會（GPU Technology Conference, GTC）期間，黃仁勳（Jensen Huang）將年會其中一日正式定名為量子日（Quantum Day），向各界宣佈將積極推廣混合方案，並預告 2026 年的年會將持續有量子日（第二屆）。

雖然富士通、NVIDIA 均積極推廣混合方案，但富士通的資訊整合經驗較佳，而 NVIDIA 的配套軟體技術較佳，各有所長。

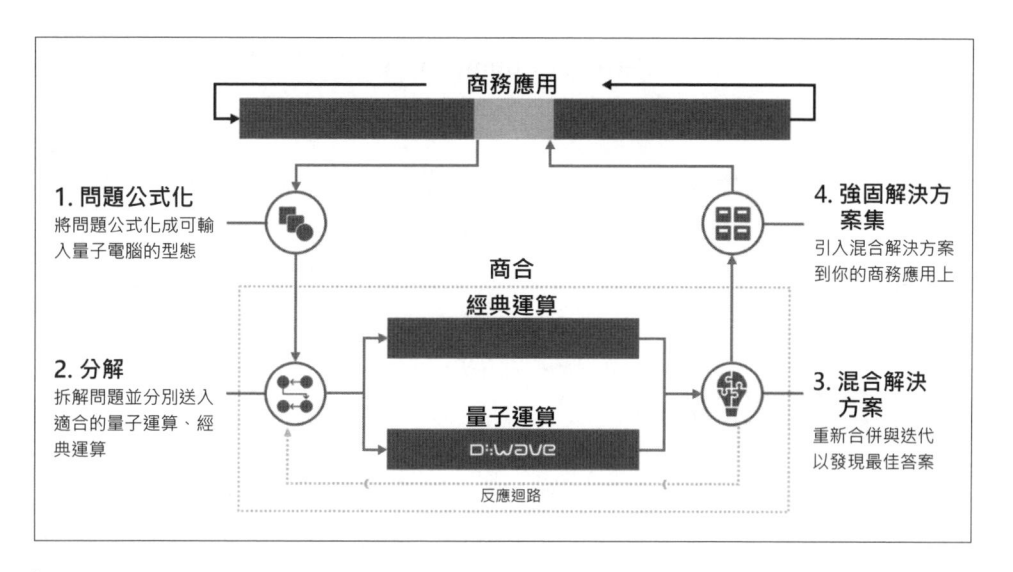

圖 40：D-Wave 主張的混合量子經典運算應用程序圖
圖片來源：D-Wave，作者翻譯

Chap. 3

41

低溫設備與測試設備商

　　許多類型的量子電腦為了避免雜訊、熱擾動等因素影響計算，必須在低溫或極低溫下運作，因此低溫設備就成了量子電腦內的必備設計，類似今日電腦幾乎離不開散熱片、電動風扇，甚至必須用及水冷系統，僅有如工業控制電腦（Industrial Personal Computer, IPC）等少數嚴苛條件的設計才會全無風扇。

　　另外量子電腦透過磁場、微波或光學等方式操作後，需要對操作結果進行讀取，此一對應即是測試、量測（Measurement）設備，這些目前均由專業、技術獨到的業者負責供貨給量子電腦製造商，未來隨著量子電腦持續精進與銷量增加，相關設備商也將獲益。

現階段由歐美主導

　　知名的低溫、測試設備商目前主要為歐美業者，例如英國的劍橋儀器（Oxford Instruments）、芬蘭的 Bluefors、英國 ICEoxford、美國的福達電子（FormFactor Inc.，NASDAQ: FORM）、美國的蒙大拿儀器（Montana Instruments，屬於 Atlas Copco 集團）、美國 Maybell Quantum、以色列 Quantum Machines 等。

　　不過並非所有業者都以量子電腦低溫方案為主，例如劍橋儀器、福達電子即有各種業務，量子電腦需求方案僅為其一，但對 Bluefors 而言量子電腦低溫方案就是其業務重心，故除了相關之外實際業務比重也是投資前的檢視重點。

當然，倘若未來以室溫量子電腦發展較快，則低溫相關設備的銷售也將連帶受影響，故業務集中也可能有潛在風險。

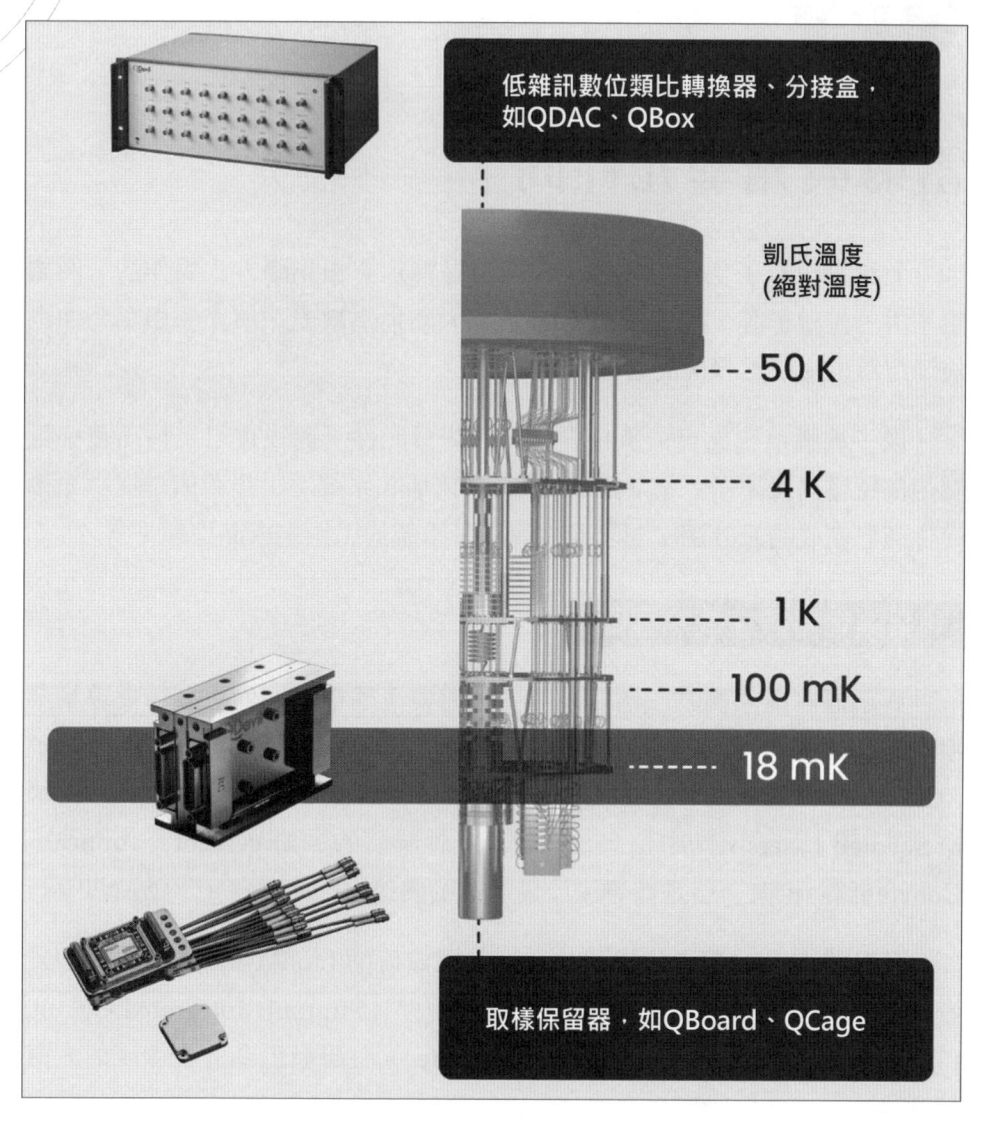

圖41：Quantum Machines 提供量子電腦所需的低雜訊數位類比轉換器 QDAC、分接盒 QBox，以及取樣所需的非磁性取樣保存器 QBoard、微波腔體取樣保留器 QCage。

圖片來源：Quantum Machines

雷射與光學元件商

Chap. 3 / 42

　　七種實現量子位元的技術中有部份是特別倚賴光學方式操作的，例如離子阱、光量子等，因此雷射（Laser，大陸稱為激光）與光學相關元件也成了這類型量子電腦裡的必備元件。

　　量子電腦系統商可能直接向元件商購買元件，而後自己組構出量子電腦內部所需的光學子系統（Subsystem，或稱次系統），也可能是提供光學元件商已完成的設計圖，要求元件商以子系統的工業半成品型態供貨。

專長業者多數在成熟國區

　　與低溫設備、測試設備相同的，雷射與光學相關設備也有一批專精業者在研發並供貨，例如美國 Vescent、美國 SEEQC、德國 Toptica Photonics AG、美國 Coherent、德國 Q.ANT GmbH、瑞士 LIGENTEC SA、英國 M Squared Lasers。其中也有一些是廣泛性業務的，如 Vescent、Toptica、Coherent 等；也有一些是較專注於量子電腦業務的，如 SEEQC、Q.ANT 等。

　　此外也有一些業者值得延伸關注，例如荷蘭 LioniX International 即研發以光學為基礎的晶片，稱為光學積體電路（Photonic Integrated Circuit, PIC）；或日本濱松（Hamamatsu Photonics）有研發生產高靈敏度的光電偵測器。

　　或者荷蘭的 Single Quantum 則專注於超導窄線單光子偵測器（Superconducting Nanowire Single-Photon Detector, SNSPD），且其公司名稱已很明顯專注於量子技術領域。

其他還有美國 Thorlabs、瑞士 ID Quantique、英國 Qioptiq（已隸屬 Excelitas）、美國 Newport、波蘭 Vigo Photonics SA 等，均為專業光學領域的業者，其中以 ID Quantique 較專注於量子技術領域。

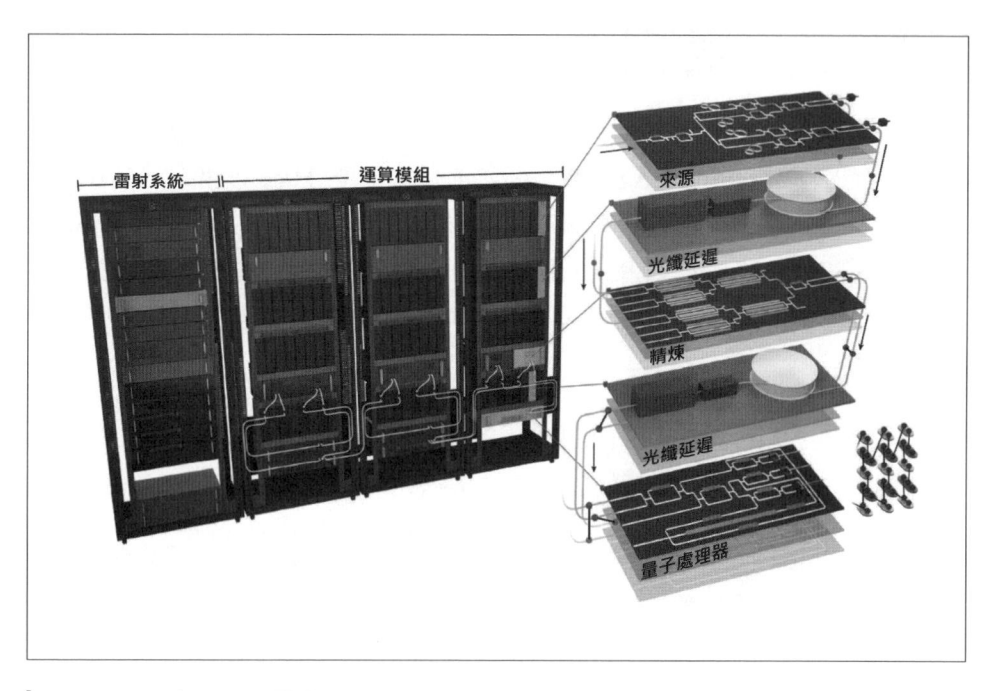

圖 42：加拿大量子電腦商 Xanadu 開發中的光量子電腦極光（Aurora）雛型圖，其中用及諸多雷射、光學相關元件。

圖片來源：《自然，Nature》雜誌

43 Chap. 3

控制電子與信號處理硬體商

量子電腦內如何操控微波、雷射等也需要控制電子裝置，而讀取量測後的信號也要進一步處理，這方面也有賴其他的硬體組件商供貨給量子電腦系統商，此同樣由技術專精業者負責，具有進入門檻。

控制與信號處理主要業者

此領域的主要業者有美國是德科技（Keysight Technologies，NYSE: KEYS，過去稱為安捷倫 Agilent，更之前稱為惠普 HP）、英國 CryoCoax（屬 Intelliconnect 的部門）、荷蘭 Qblox、法國 Pioniq、以色列 Quantum Machines、瑞士蘇黎世儀器（Zurich Instrument，2021 年屬羅德施瓦茨公司 Rohde & Schwarz，R&S）。

業者同樣也有量子電腦業務的涉入程度之別，例如 CryoCoax 是以低溫無線射頻（Radio Frequency, RF）訊號線路為主，低溫運作需求的量子電腦有此需求，但量子電腦供貨僅是其業務之一。

但對 Qblox 而言，該公司即高度訴求在量子電腦需求的信號量測領域，並且已將量測設備模組化，而非等待量子電腦業者開出規格需求後才量身打造對應硬體。

除上述外也有其他業者值得關注，例如荷蘭 Delft Circuits（專長於彈性低溫纜線）、丹麥 QDevil（專門開發生產量子電腦需求的特殊零件）、瑞典 LNF（Low Noise Factory，低溫下的微波低雜訊放大器）、芬蘭 Arctic Instruments（量子電腦的微波讀取方案）。

很明顯的，特有專長領域的供應商陣容已間接反映出該國長期理論科

學的投資基礎，歐美在此方面依然學有專精。不過量子電腦仍在持續發展中，未來也高度可能有其他特有零件商被青睞而入列。

圖 43-1：是德科技 Q5401A 的 2 量子位元控制系統
圖片來源：是德科技

圖 43-2：富士通研究量子實驗室負責人 Shintaro Sato 博士（左）與是德科技量子研發負責人 Bobby Bhowmik 在日本和光市的富士通 / 日本理化學研究所（RIKEN，簡稱日本理研）256 量子位元電腦前合影，該電腦使用是德科技的量子控制系統。
圖片來源：是德科技

Chap. 3

44

量子電腦商零件、代工業務

量子電腦商當然期望專注於研發、銷售量子電腦，但現階段量子位元數仍不足，量子電腦的銷路有限下，除了持續尋求投資資金外，自身也必須思考另闢營收來源。

另如奧地利量子電腦商 AQT（Alpine Quantum Technologies）不僅研發銷售量子電腦也銷售量子電腦相關零件，例如 Pine Trap 離子阱零件、Pine Set-Up 模組化離子阱架構、Beech 具有超低長期漂移的緊湊型頻率穩定裝置等，以利其他業者加速打造自有量子電腦，但 AQT 自身仍保有量子電腦整體系統的技術含量而不對外出售。

提供部份代工業務

或者也有量子電腦商提供代工服務，如中國大陸的量旋科技（SpinQ）除自身研發銷售超導迴路的量子電腦外，官網也顯示該公司有提供量子晶片（芯片）的代工與測試服務。

類似的，美國量子電腦公司 QCI（Quantum Computing Inc.）也有提供代工服務，包含光量子技術的量子運算晶片（QPU）生產、封裝、測試等，甚至提供量子相關研發服務。或如 Rigetti（NASDAQ: RGTI）提供 QPU 型式的出貨，而後再建構成完整系統。

另外英國 SEEQC 則專注於超導迴路技術量子運算晶片的代工服務，以及只開發量子電腦中的特殊用途晶片，現階段無自主打造完整系統的想法。其他量子電腦商未來也可能類似的零件業務、子系統或模組銷售業務、代設計代工製造等業務。

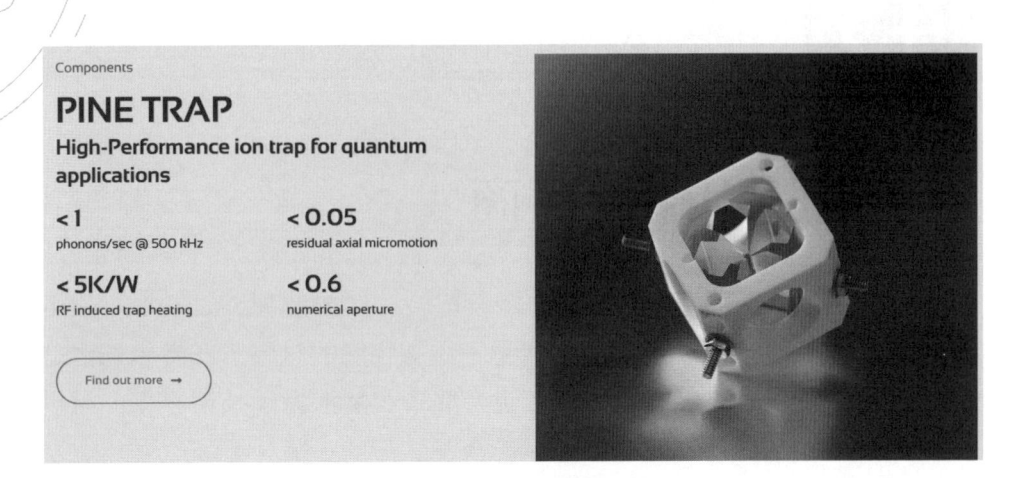

圖 44-1：AQT 公司除了研發銷售量子電腦外也銷售其 Pine Trap 離子阱零件

圖片來源：AQT 公司官網

圖 44-2：SEEQC 公司不僅開發超導迴路技術的量子晶片，也對外提供晶片代工服務。

圖片來源：SEEQC 公司官網

量子電腦相關硬體商

要打造量子電腦還有許多硬體需要配合，例如澳洲 Archer Materials Limited（ASX: AXE）即有研發生產量子電腦相關的材料，或者像德國晶片商英飛凌（Infineon，ETR: IFX）也參與多個歐洲量子技術專案，有投入發展超導迴路與離子阱的技術。

同樣的，日本 JSR 公司（ADR: JSCPY）也專長於各種先進材料，IBM 的量子電腦即有用及其材料，並且投資英國量子科技公司劍橋量子運算（Cambridge Quantum Computing, CQC）。

另外航太、防務科技業者也對量子科技有涉獵，如美國洛克希德馬丁（Lockheed Martin，NYSE: LMT，簡稱洛馬）或美國諾斯洛普格魯曼（Northrop Grumman，NYSE: NOC）均有量子退火技術的研究，並具有設計、製造、系統整合和實驗測試的能力。

學習教育型硬體

由於量子電腦仍在前期發展階段，在尚未實際運用於企業營運、企業商務前也需要一段時間的市場教育，故也有業者或業者產品專注於教育領域，例如瑞典 Phase Space Computing 就專注於量子教育工具的業務。

或者中國大陸量旋科技也有推出核磁共振技術的量子電腦，其量子位元數僅在個位數，離實務運用有距離，量旋科技明確將此類型量子電腦定位於量子計算試驗、試驗教學平台、科學研究平台。

另外中國大陸本源量子（Origin Quantum）本身投入超導迴路、矽自旋的量子電腦研發，但也有提供量子教育業務。

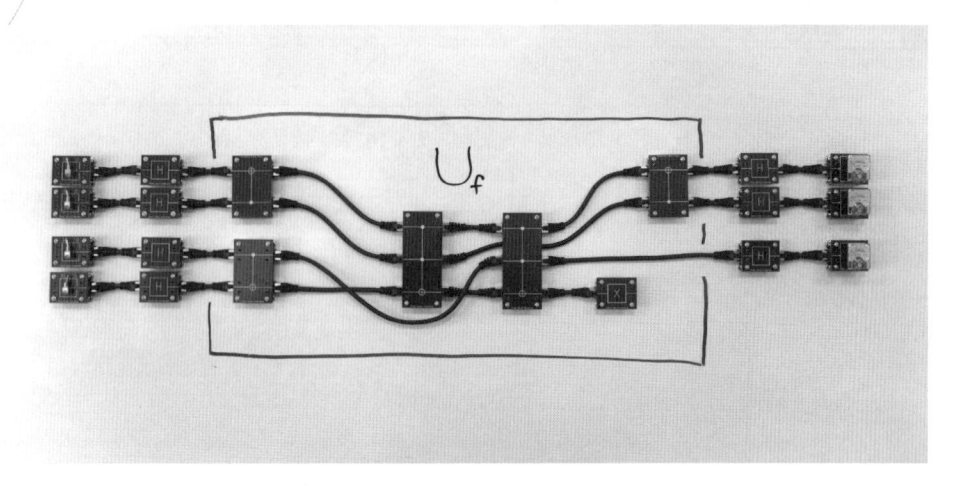

圖 45-1：瑞典 Phase Space Computing 專注於量子教育硬體，圖為 Deutsch-Jozsa 演算法教學硬體。
圖片來源：Phase Space Computing 官網

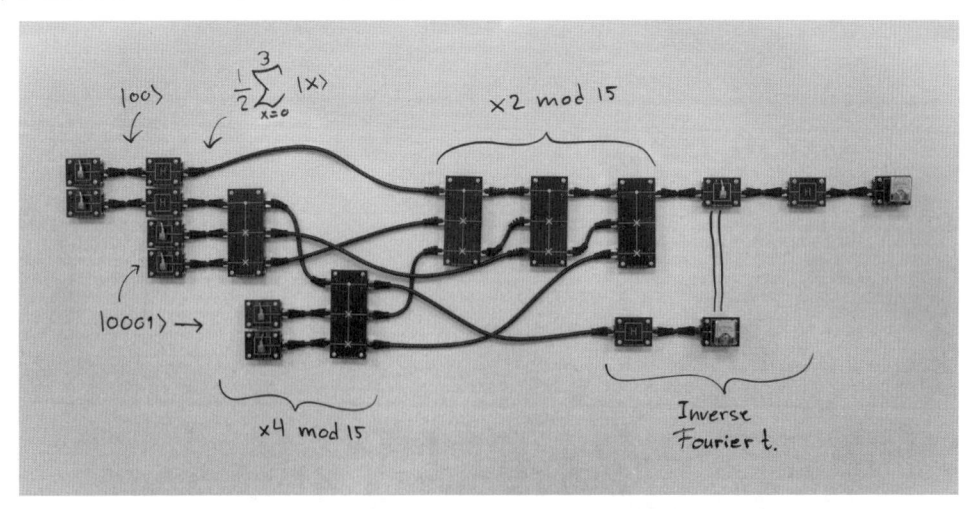

圖 45-2：瑞典 Phase Space Computing 的 Shor 演算法教學硬體
圖片來源：Phase Space Computing 官網

Chap. 4

量子軟體技術、雲端服務概念股

46 ⟶ 55

Chap. 4

認識量子電腦軟體堆疊

想了解量子電腦產業鏈中的軟體面，必須先了解其軟體堆疊（Stack，大陸稱為堆棧），所謂堆疊即一層一層的，每一層有不同的作用與角色，之所以要分層有諸多原因，例如便於修改、便於換替等等。

分層還有一個因素是整個工程太過浩大，很難有單一業者能實現所有量子軟體面的東西（雖然也是有業者強調自身有量子軟體全堆疊 Full-Stack 技術的能力），故為了便於分工而分層，有的業者資源心力有限可以專注發展某一層，有些業者資源強大些可以負責上下鄰層或多層，但依然不易全部完成。

另外要說明的是，現階段量子軟體的分層僅是一個概念，並不是一個具體明確、清晰的界定，不同的人有不同的分層主張，不過不同的主張仍是大同小異，不會有天南地北的差異。或許未來量子運算更成熟，或逐漸讓某些層之間有明確的界定或標準定義出現。

各軟體層的主要角色

軟體層由上往下概略說明，最上層為程式語言層，即是程式設計師撰寫量子運算程式所用的程式語言；接著是軟體開發套件／框架層，指的是程式設計師開發過程中所有要用的軟體工具，如編輯器、編譯器、除錯器等。

更下一層為演算法，如 Shor 演算法、Grover 演算法等；再下一層便是開發完成的企業業務程式，如物流業的車隊排程程式、製藥業的新藥探

索程式;更之下為軟體正式執行前的模擬、推演執行;而後是程式編譯、錯誤偵測與錯誤修正等。

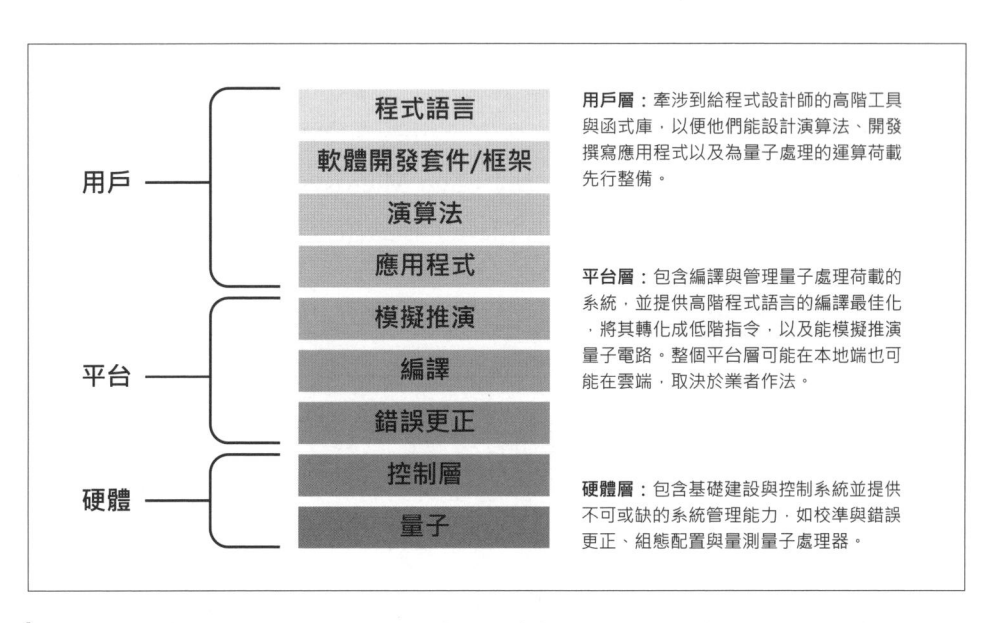

層級	元件	說明
用戶	程式語言 軟體開發套件/框架 演算法 應用程式	**用戶層**:牽涉到給程式設計師的高階工具與函式庫,以便他們能設計演算法、開發撰寫應用程式以及為量子處理的運算荷載先行整備。
平台	模擬推演 編譯 錯誤更正	**平台層**:包含編譯與管理量子處理荷載的系統,並提供高階程式語言的編譯最佳化,將其轉化成低階指令,以及能模擬推演量子電路。整個平台層可能在本地端也可能在雲端,取決於業者作法。
硬體	控制層 量子	**硬體層**:包含基礎建設與控制系統並提供不可或缺的系統管理能力,如校準與錯誤更正、組態配置與量測量子處理器。

圖 46:量子運算的技術堆疊圖,略去最底部的硬體層不算,平台層與使用者層均屬軟體層。

圖片來源:OSRG,作者翻譯

量子計算程式語言商

在資訊產業中，幾乎沒有業者可以靠發明程式語言（Program Language）並銷售該程式語言的使用授權而賺錢，而是為了盡可能讓大量的程式設計師可以免費接觸該語言、使用該語言，讓該程式語言的生態圈逐漸強大，而後從其他地方收費。

即便如此，發明該程式語言的個人、組織或公司也依然會因為程式語言的強大而受益，例如過去昇陽電腦（Sun Microsystems，2010 年由甲骨文 Oracle 收購）就曾因為握有爪哇（Java）程式語言而水漲船高數年光景。

量子程式語言相關業者

事實上量子電腦目前的產業默契是盡可能使用現行程式師已經熟悉的語言，如 C++、Python 等，兩種語言均廣泛到幾乎沒有業者收費獲益，但還是有業者為量子電腦發明了特定程式語言，例如微軟（Microsoft，NASDAQ: MSFT）就以其原有的 C# 程式語言衍生出 Q# 程式語言。

或者在量子電腦比較底層的控制上，有 Rigetti（NASDAQ: RGTI）提出了 Quil 程式語言，嚴格而論是一種量子指令語言，用來建構量子電腦的電路。與此類似的，IBM（NYSE: IBM）也提出 OpenQASM，即量子電腦的組合語言（中國大陸稱為匯編語言），用於描述量子電腦的電路。

不過，偏底層的程式撰寫用及機會較低，故使用 Python、Q# 等高層次的程式語言機會較高，如此 Microsoft 較具受益機會，但先決條件是必須證明 Q# 確實比免費且大量普及的 Python 好用。

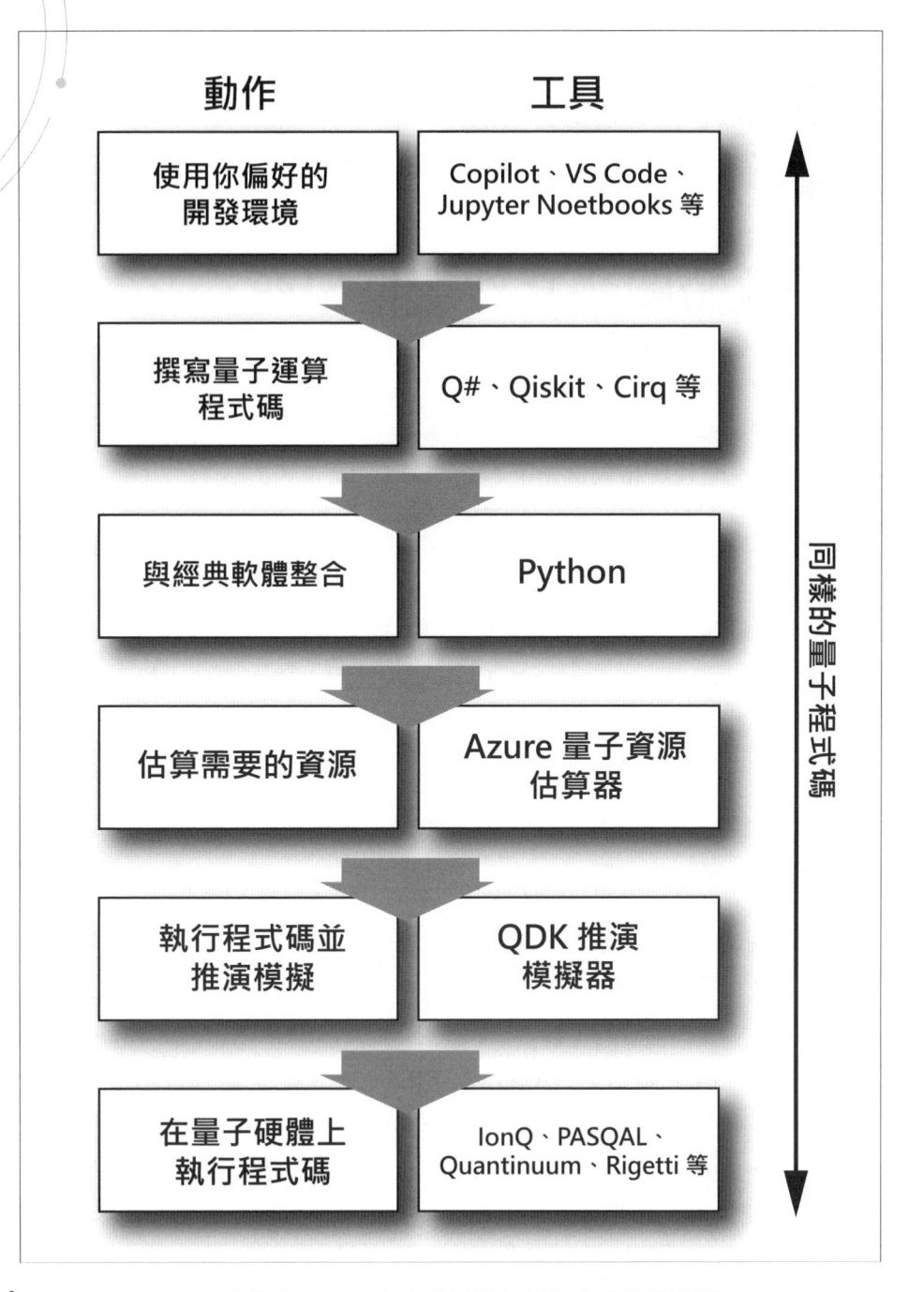

動作	工具
使用你偏好的開發環境	Copilot、VS Code、Jupyter Noetbooks 等
撰寫量子運算程式碼	Q#、Qiskit、Cirq 等
與經典軟體整合	Python
估算需要的資源	Azure 量子資源估算器
執行程式碼並推演模擬	QDK 推演模擬器
在量子硬體上執行程式碼	IonQ、PASQAL、Quantinuum、Rigetti 等

同樣的量子程式碼

圖47：Microsoft 主張在 Azure 上開發量子運算程式的工具與程序

圖片來源：Microsoft，作者轉化

量子軟體開發套件與框架商

Chap. 4 — 48

寫程式跟寫文章一樣，是可以用 Windows 作業系統的隨附應用程式「記事本」來寫，但非常沒有效率，通常寫文章會用上 Microsoft Word，而寫量子計算的程式也需要用上軟體開發套件（Software Development Kit, SDK）或框架（Framework）才會有效率，可以看成是量子程式師的 Word 軟體。

軟體開發套件（或稱為開發工具，有些也稱工具鏈 Toolchain 或整合開發環境 Integrated Development Environment, IDE）或框架與一般軟體相同，需要下載並安裝才能使用，但也有一些已經雲端化，只要有帳密（帳號、密碼）便可登入使用，此稱為軟體即服務（Software-as-a-Service, SaaS）。

開發工具與程式語言相同，為了廣泛普及基本上都是免費，但進階版的工具則要付費，因此收益將來自中後期，短期內有收益挑戰。

主要的量子軟體開發工具商

目前比較知名的開發工具有 IBM 的 Qiskit、Google（NASDAQ: GOOG）的 Cirq，微軟（NASDAQ: MSFT）的量子公有雲服務，Azure Quantum 也有量子開發套件（Quantum Development Kit, QDK），亞馬遜（NASDAQ: AMZN）也有 Braket SDK，或量子電腦新創商 D-Wave（NYSE: QBTS）推出的 Ocean SDK 等。

其他也有適合學習用的 PennyLane、QuTiP，而 SaaS 型態的有 IBM Quantum Platform（過去稱為 IBM Quantum Experience）、D-Wave 的 Leap，或新創商 Strangeworks 等。

以 Strangeworks 為例，其 SaaS 服務的基本年使用費要 1 萬美元（允許 2 個使用者），進階版要 3.5 萬美元（允許 10 個使用者），更高階的版本則要直接聯繫其業務窗口。

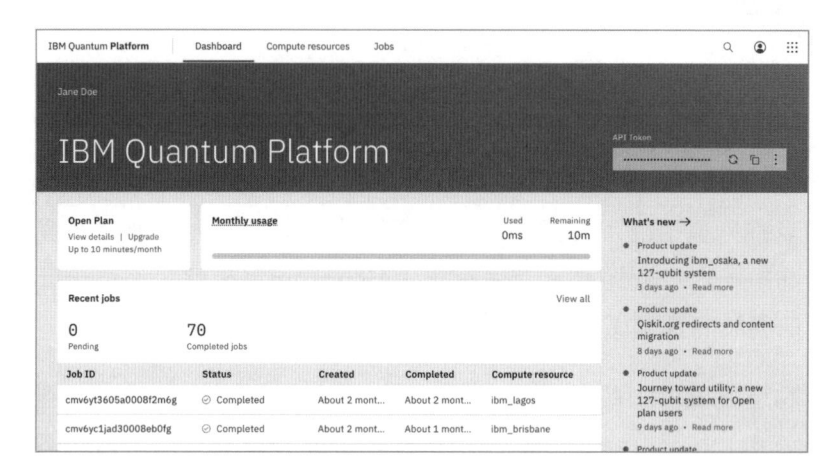

圖 48：IBM 經典版（Classic）線上量子軟體開發工具 IBM Quantum Platform 的畫面，2025 年 7 月改行新版

圖片來源：IBM

	商用基本版	商用專業版	企業版	學術計畫版
英文原稱	Business Essential	Business PRO	Enterprise	Academic Plans
訂閱費	1 萬美元 / 月起	3.5 萬美元 / 月起	洽業務員	洽對應窗口
用戶數	2 個	10 個	完全依企業	
團隊數	1 組	1 組	多組	
控管	基本控管	多組控管	多層次權限控管	
存取機會	依現況存取	全然可存取	全然可存取	
硬體使用點數	500 點	1,500 點	客製點數規劃	
服務支援	線上文字交談	每月 5 小時專家支援	企業級支援、客製培訓	

表 48：Strangeworks 線上量子軟體開發服務訂閱方案比較表

資料來源：Strangeworks，作者轉化

量子軟體演算法

開發撰寫量子應用程式的用意是要解決企業問題，可能是研發、營運或商務問題，對於問題需要有演算法（Algorithm）來解，而量子計算的演算法目前屬於高深領域，需要有專精的演算法業者專責才行。

這點是與現行一般程式撰寫不同的，現行資訊應用程式所用到的演算法已很普及，甚至許多程式開發是在實現企業的商業邏輯，如此不太需要專精的演算法業者，通常是企業用戶開出需求，或在顧問協助下開出需求，即可要求程式設計師著手撰寫，或委給外部資訊服務商撰寫。

目前已有許多量子演算法，例如量子變分電路（Variational Quantum Eigensolver, VQE）、量子近似最佳化演算法（Quantum Approximate Optimization Algorithm, QAOA）、量子機器學習（Quantum Machine Learning, QML）等，其中許多是來自學術領域的成果，往後也會有其他演算法。

演算法與開發服務商緊密關連

事實上只有演算法仍不足以服務客戶，通常要提供技術顧問服務，或者是更直接到位的服務，即聽取企業的需要，最終開發出可用的量子應用程式，即所謂的量子應用程式開發商。

不過，量子演算法依然高度重要，提出或擅長量子演算法的學者或學術單位，後續通常能成立量子應用程式開發商，從而提供量子應用程式開發服務，故演算法層次也是不容小覷。

大類	小類	演算法列舉
純量子演算	Quantum Fourier Transform 量子傅立葉轉換	○ Simon 的演算法（Simon's Algorithm） ○ Shor 的演算法（Shor's Algorithm） ○ 量子相位估計法（Quantum Phase Estimation）
	振幅放大（Amplitude Amplification）	○ Govers 演算法（Govers Algorithm） ○ 量子計數（Quantum Counting）
	量子行走（Quantum Walk）	○ 搜尋演算法（Search Algorithm）
	針對線性代數的量子演算（Quantum Algorithms for Linear Algebra）	○ HHL（Harrow-Hassidim-Lloyd）演算法
混合演算	量子變分電路（Variational Quantum Eigensolver, VQE）	○ 量子向量支援機（Quantum-SVM） ○ 量子神經網路（Quantum-NN）
	量子近似最佳化演算法（Quantum Approximate Optimization Algorithm, QAOA）	○ 組合數學問題解決（Combinatorial Problem Solver）
	約性量子特徵求解（Contracted Quantum Eigensolver, CQE）	○ 最佳化問題（Optimization Problems）

表 49：量子運算主要演算法分類表

資料來源：Himanshu Sahu、Hariprabhat Gupta 博士，作者譯轉

量子應用程式開發商

現階段即便是資源充沛的大型企業，其資訊部門內也很難有軟體工程師是會開發量子運算應用程式的，極高的機會是委託外部的軟體開發商代為開發，企業將其需求告知開發商，由其代為開發，開發完成後交付給企業，企業再付錢給開發商，甚至簽訂維護合約，確保程式能持續調整修正。

由於量子運算應用程式的編寫技能迥異於現行資訊程式開發，故開發商也多為近年來新成立的業者，較少來自原有知名的資訊委外服務商，如印度塔塔（Tata Consultancy Services, TCS）、印度 Infosys 等。

產業別的量子應用程式開發

量子應用程式開發商的另一個重點是有較明顯的產業別區分，畢竟量子應用程式開發出來就立即要解決不同產業特定的問題，故開發者在瞭解量子相關演算法外也必須了解該產業的特性，否則難以開發。

舉例而言，Multiverse Computing 與 QC Ware 等開發商較擅長金融領域的量子應用程式開發；Qubit Pharmaceuticals 與 ProteinQure 等則較擅長製藥業的新藥探索開發；而 Aliro Quantum、ParityQC 則較理解物流業需求等。

除了產業別擅長性外，應用程式開發商也考驗過往的委託案承接經驗，有承接較多的委託案，或者是承接過知名企業的委託案則較容易獲得信任。不過量子運算畢竟仍處於高度前期階段，故有時開發商本身也在從企業身上學習經驗，很難一次開發到位，需要更多摸索與調整，此也無可厚非。

圖 50：QC Ware 已有多家知名企業的量子程式開發案例
圖片來源：QC Ware 官網

Chap. 4　量子軟體技術、雲端服務概念股

量子電腦模擬器軟體、服務、設備商

由於目前量子電腦仍不普及且昂貴，故不是每一個開發撰寫量子應用程式的軟體工程師都能購買一台量子電腦來試行程式，這時就需要使用模擬器（Simulator）軟體來模擬一台量子電腦，以此來試行程式。

嚴格來說 Simulation 應稱為推演，而 Emulation 稱之為模擬，前者只能顯示效果但無實質替代效果，後者才有真實替代效果，但今日多數文章將兩者都翻譯成模擬。

更嚴格說有些 Simulation 也具真實效果，不過用來替代實質效果並不務實，量子電腦模擬器軟體即是如此，模擬器軟體可以做到跟真實量子電腦一樣的工作，但非常地緩慢，或量子位元非常低，形同不實用，故依然被認為是 Simulation。

以上對於推演、模擬的說明仍過於抽象，更簡單說，在房間內進行兵棋邏輯推演，用推演的勝負來驗證戰術是否優劣，但兵棋並不能取代真實在外的軍隊，相對的軍事演習則是真實模擬，一切是實質行動，一樣用勝負來驗證戰術是否優劣。

主要的模擬器方案

模擬器軟體有一般下載安裝版也有雲端版，有的則是軟硬合一版，必須購買特定硬體，硬體內才具備該模擬軟體，或說是銷售一套模擬設備，如 IBM 有 Qiskit Aer 軟體，或法國 Atos 集團（ATO.PA）旗下 Eviden 有 Qaptiva 800（昔稱 Atos Quantum Learning Machine, Atos QLM）的模擬設備。

或者 Google 有 Cirq Simulator，或 BlueQubit 的雲端線上平台等，目前業界與學術界共計約有數十款模擬器軟體可挑選。

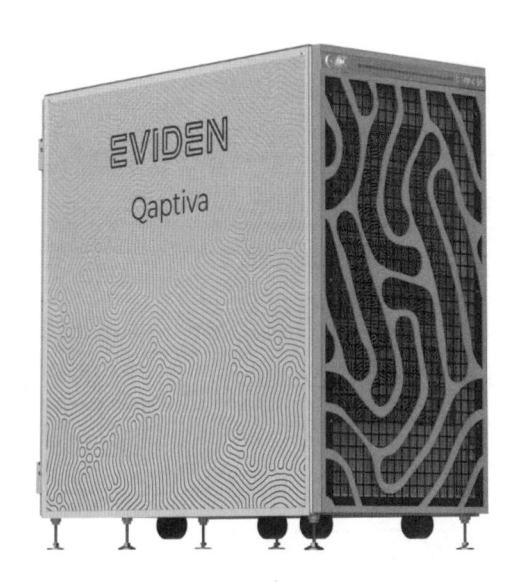

圖 51：法國 Atos 集團旗下 Eviden 公司的量子電腦模擬設備 Qaptiva 800 型
圖片來源：Atis/Eviden

52 Chap. 4

量子程式編譯器軟體

程式師所撰寫的軟體,其實是以偏向人類思維的方式所寫成(或稱為高階程式語言),直接給電腦其實電腦是不懂如何執行的,一般而言還要透過一道編譯(Compilation)程序,將其翻譯成電腦可以理解的程序、指令(或稱為低階程式語言)才能順利執行,而這道程序則由編譯器(Compiler)軟體負責。

主要的量子編譯器軟體

目前有諸多業界、學界提出量子編譯器軟體,例如 IBM Qiskit 內的 Terra,Rigetti 則有 Quilc,荷蘭 QuTech 公司發起的 OpenQL(顧名思義是開放原碼軟體 Open Source Software, OSS)。

由美國橡樹嶺國家實驗室(Oak Ridge National Laboratory, ORNL)提出的 XACC(eXtreme-scale Accelerator),該編譯器可以在 IBM、D-Wave、Rigetti 等公司的量子電腦上使用。

或者量子電腦商 Quantinuum 也有 TKET 開發工具,工具內即包含編譯器軟體,Microsoft 的 Q# 量子程式語言也有對應的編譯器 Q# Compiler（2019 年宣佈開源）。

歸結而言,許多量子電腦商會提供量子軟體開發工具,而量子軟體開發工具內通常會隨附量子程式編譯器,不過未來若量子電腦產業大力開展,即有可能有更專精的層次發展。現行電腦產業一開頭也是軟體隨附於硬體,之後才有硬體、軟體分別開發銷售的發展。

就資訊產業歷史而言，有競爭力（編譯出更小、更快的執行程式碼）的編譯器是可以額外賣錢的，隨附的編譯器軟體通常只是盡業者供應上的基本義務。

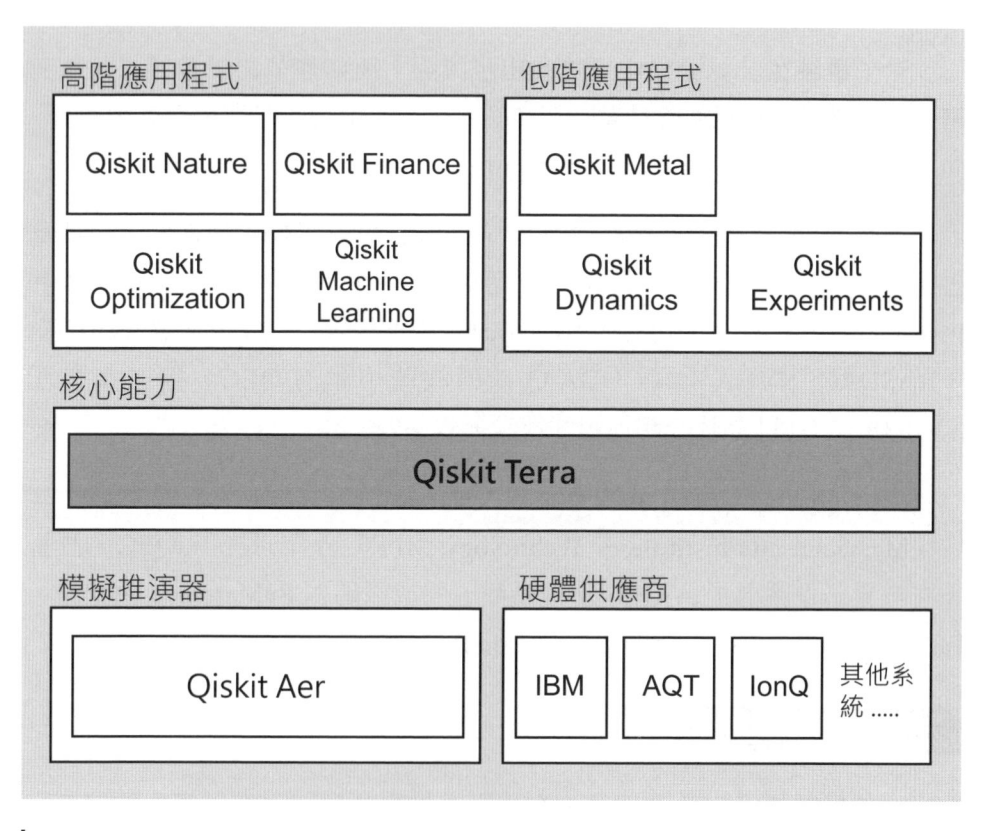

```
高階應用程式                      低階應用程式
┌─────────────┬─────────────┐   ┌─────────────────────────┐
│Qiskit Nature│Qiskit Finance│   │     Qiskit Metal        │
├─────────────┼─────────────┤   ├─────────────┬───────────┤
│   Qiskit    │   Qiskit    │   │   Qiskit    │  Qiskit   │
│ Optimization│  Machine    │   │  Dynamics   │Experiments│
│             │  Learning   │   │             │           │
└─────────────┴─────────────┘   └─────────────┴───────────┘

核心能力
┌──────────────────────────────────────────────────────────┐
│                    Qiskit Terra                          │
└──────────────────────────────────────────────────────────┘

模擬推演器                      硬體供應商
┌─────────────────────────┐   ┌───────┬────┬─────┬────────┐
│      Qiskit Aer         │   │  IBM  │ AQT│ IonQ│其他系統…│
└─────────────────────────┘   └───────┴────┴─────┴────────┘
```

圖 52：Qiskit 量子生態系統示意圖，圖中間位置即為 Qiskit Terra 編譯器，居整體生態中最關鍵位置。

圖片來源：IBM，作者轉化

量子計算錯誤更正軟體

量子電腦在計算過程中可能會出現錯誤，而如何偵測計算結果是否有錯？若有錯如何透過額外計算加以矯正，這些是由量子錯誤更正軟體負責，簡稱 QEC（Quantum Error Correction）。

提供 QEC 軟體的廠商有許多家，且與此前所述軟體類似的，有些來自業界有些來自學界，有些屬於封閉專屬程式有些屬於開放原碼。例如 RiverLane 公司的 DataFlow，IBM Qiskit 內也有具備 QEC，或 NVIDIA（NASDAQ: NVDA）的 CUDA-Q 系列軟體中也有 QEC，但必須搭配 NVIDIA 的 GPU 晶片一起使用才能發揮效果。

或者 QuEra 公司也與哈佛大學（Harvard University）、麻省理工學院（Massachusetts Institute of Technology, MIT）合作研究其 QEC，並嘗試在其量子電腦內提供 QEC 功能軟體。開放原碼如 PyMatching 函式庫、PECOS（Performance Estimator of Codes On Surfaces）等。

未來兵家必爭之地

由於目前量子電腦在運算上有相對（相對於現行電腦）高的錯誤率，故量子電腦會比過往更倚重錯誤偵測、錯誤修正軟體技術，目前各科技大廠、尖端學術研究單位等都在嘗試提出更優異的量子錯誤更正技術，更直接說這是目前量子運算領域的熱門顯學。

不過 QEC 軟體可能隨附於業者自家的量子電腦上，或如同 NVIDIA 般必須搭配其晶片才能發揮效果，或是隨附在軟體開發套件（SDK）或框架內，成為諸多成員軟體的一員等，不必然是單獨銷售或跨硬體適用。

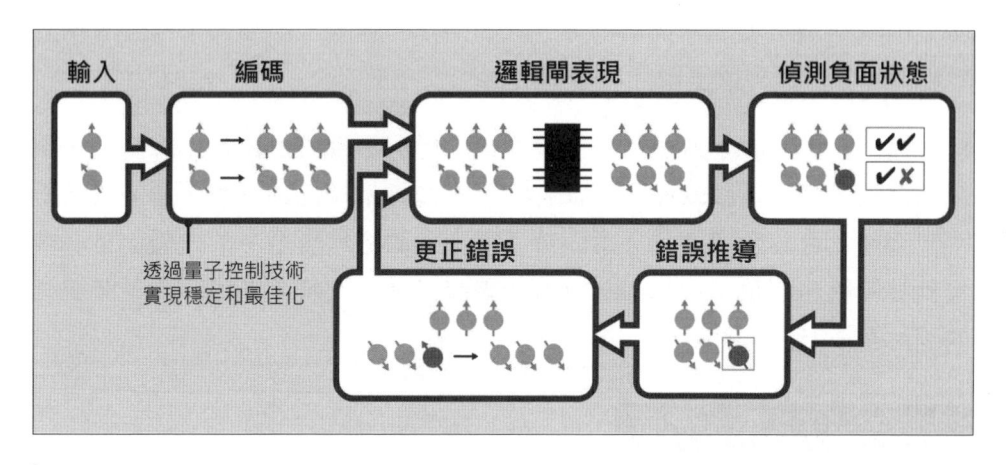

圖 53：量子運算錯誤更正循環程序圖
圖片來源：IEEE，作者翻譯

量子電腦控制軟體

量子電腦內有低溫、微波、雷射等控制操作程序，也有操作結果的讀取量測工作等，這些硬體動作的背後其實也需要用軟體加以控制，某種程度上可說是量子電腦內部的韌體（Firmware，中國大陸翻譯為固件，相對於軟體／軟件、硬體／硬件而言）角色。

控制軟體可說是量子軟體堆疊中最貼近底層硬體的部份，許多量子電腦商自己會開發這類軟體，但也有軟體廠商專精於此類軟體，並銷售給量子電腦商，由於這類軟體必須與量子電腦硬體密切整合，故軟體商也必須提供技術服務給量子電腦商，或者軟體商目前也在摸索階段，軟硬體業者間經常為技術合作的關係。

主要的量子控制軟體商

目前較知名的量子控制軟體商如澳洲 Q-CTRL（CTRL 即控制 Control 的縮寫）、此前已在硬體章節提及的瑞士蘇黎世儀器（Zurich Instruments）、美國是德科技（Keysight）、以色列 Quantum Machines（簡稱 QM）等。

另外量子控制軟體也開始標準化、溝通協定，例如 QM 公司提出 QUA 的控制語言，IBM 提出的 OpenPulse（Pulse 即脈衝，控制軟體經常要控制各種脈衝動作，以脈衝控制量子位元），Rigetti 以原有的 Quil 延伸提出 Quil-T（一樣屬於脈衝控制）等。

控制軟體由於與可商業出貨的量子電腦息息相關，故較少來自學研領域，也相對較少以開放原碼專案方式發展。

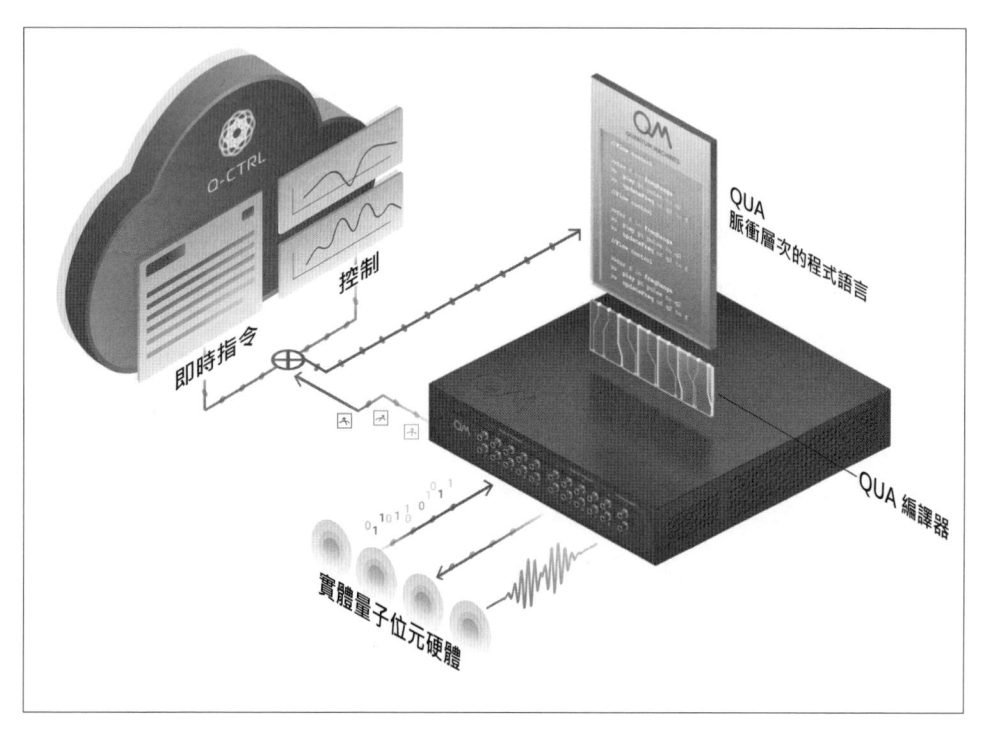

圖 54：Q-CTRL 公司的韌體控制程式體整合到 Quantum Machines 的量子硬體平台內

圖片來源：Q-CTRL，作者翻譯

量子電腦效能標竿測試軟體

有關量子電腦的軟體還有許多，且都仍在摸索發展階段，例如如何衡量量子電腦的效能，即有人提出應該開發標竿測試軟體（Benchmark）來加以衡量，或未來量子電腦相關軟體更成熟了，也可能會有工具程式（Utility）之類的軟體出現，另外量子電腦若硬體逐漸成熟，也可能開始有驅動程式（Driver）的需求。

以標竿測試軟體為例，有 QED-C（Quantum Economic Development Consortium，或可譯為量子經濟發展協會）提出的 Application-Oriented Performance Benchmarks for Quantum Computing，即應用程式導向的量子運算效能標竿測試。

或有 EPiQC（Enabling Practical-scale Quantum Computing）提出的 SupermarQ，EPiQC 的成員機構主要為芝加哥大學、麻省理工學院、普林斯頓大學、杜克大學、加州大學聖芭芭拉分校（UC Santa Barbara）以及美國國家科學基金會（National Science Foundation, NSF）等。另外第一章最後提到 IBM 的量子體積也是一種衡量方式。

更多標竿測試軟體

其他還有 Google 使用的 XEB（Cross Entropy Benchmarking）、RCS（Random Circuit Sampling），前者是偏向硬體層面的效能測試，後者則是偏向應用軟體的效能測試。

不過現階段各量子電腦商正努力擴增量子位元數，先讓其達到更實用的階段，效能測試必須在發展更成熟時才可能普及運用，推測未來也將有機構專責於測試、發佈各款量子電腦的效能測試數據，使有意採購、導入量子電腦的企業用戶有更客觀的評估依據。

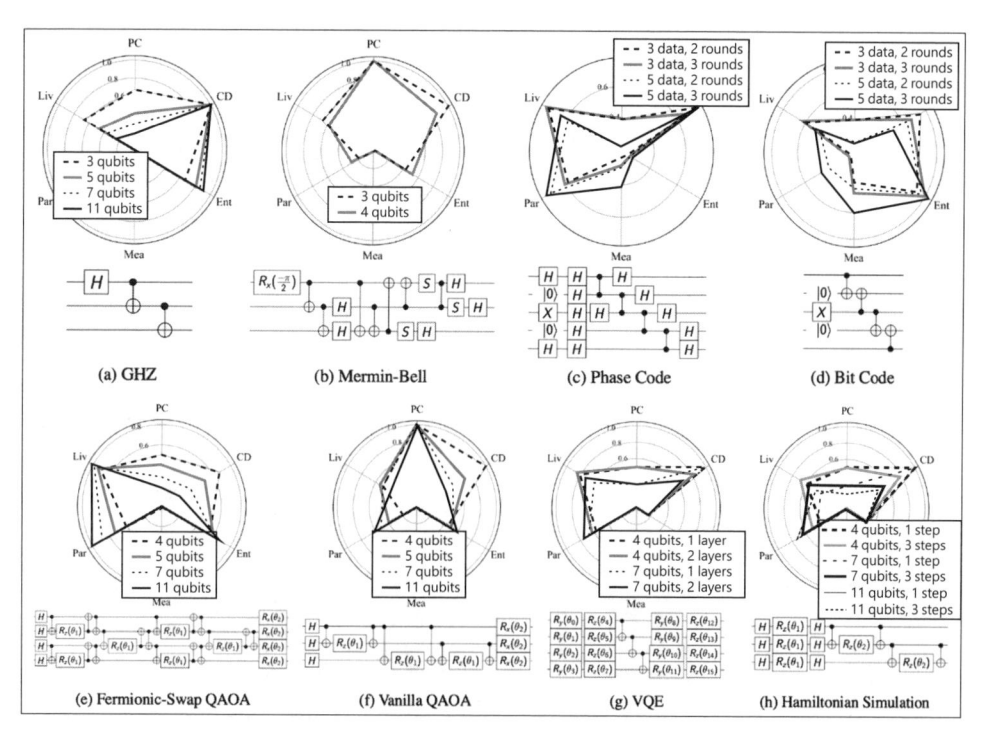

圖 55：SupermarQ 標竿 8 張最原始、
與硬體無關的特徵圖（Hardware-agnostic feature maps）

圖片來源：EPiQC

Chap.
5

量子運算整合、
支援概念股

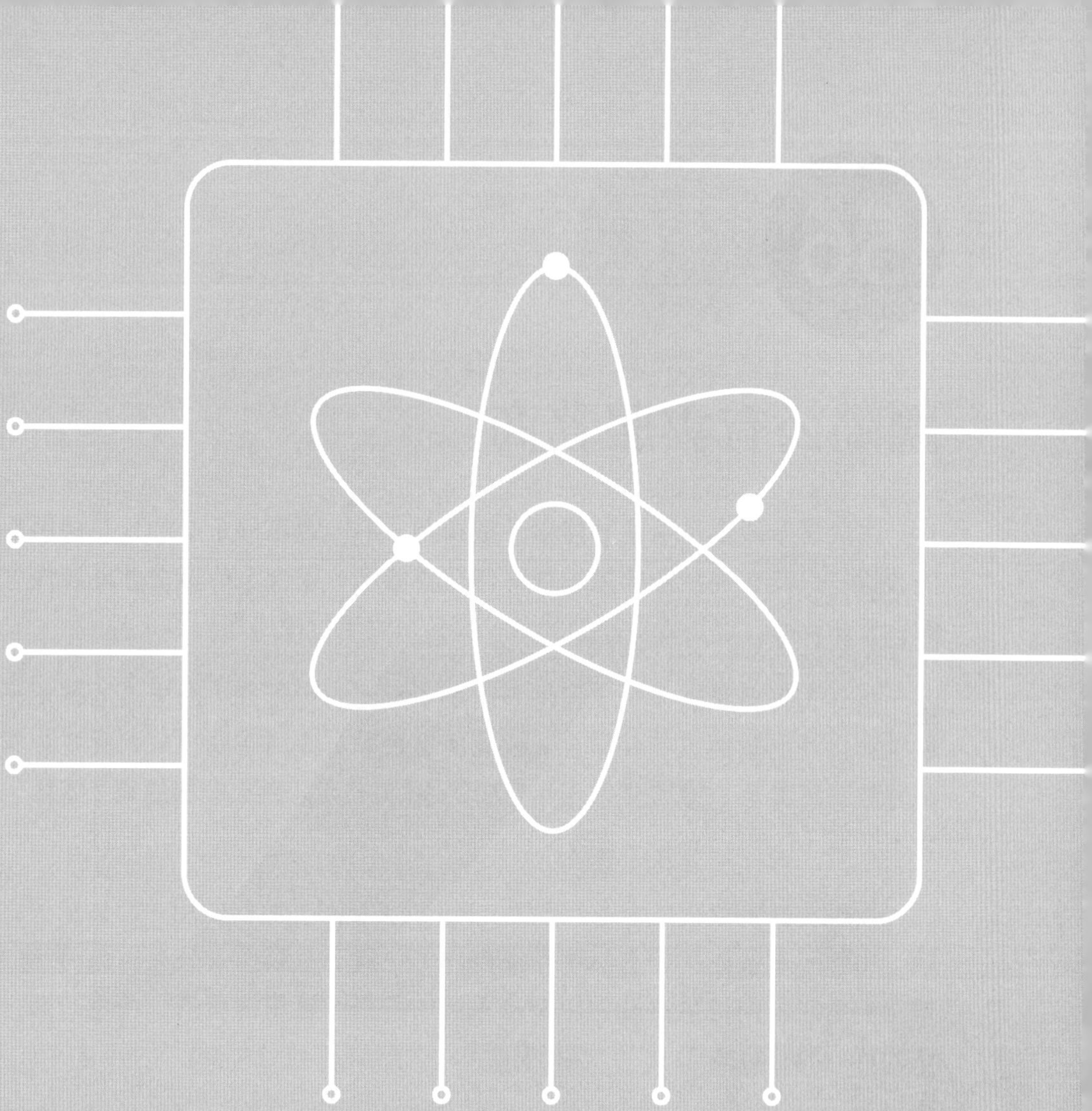

56 → 65

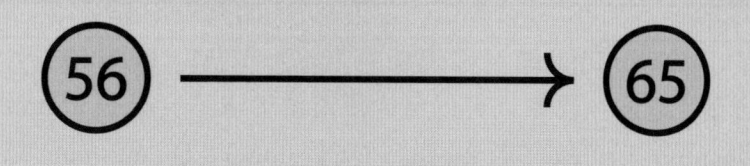

國際公有雲服務商

Chap. 5 - 56

由於現階段量子電腦的體積外型獨特，不一定每個企業的資訊機房都能放置，以及有些技術的量子電腦仍需要低溫、極低溫的環境才能運作，對一般企業而言也是需要額外配合，或必須對現行機房進行再工程。

另外，現階段許多企業只是評估量子電腦的可行性，尚未真的讓量子電腦與自身的營運或商務結合，因此使用量少、使用時間短，如此要企業購置數十萬美元（2025 年上半年至少約 30 萬美元起跳）一部的量子電腦，也不合算。

故現在許多企業是透過公有雲（Public Cloud）服務使用、評估量子電腦，由量子電腦商與公有雲服務商合作，將量子電腦送入公有雲服務商的機房，由服務商提供遠端使用量子電腦的服務，且依據用量、使用時間付費即可，即租賃概念。

Amazon Braket、Azure Quantum 為領先服務

目前國際級的公有雲商中以 Amazon（NASDAQ: AMZN）、Microsoft（NASDAQ: MSFT）較積極提供量子雲端運算服務，Amazon 此方面的服務稱為 Amazon Braket，Microsoft 則為 Azure Quantum，至於 Google Cloud、OCI（Oracle Cloud Infrastructure）則尚未表現積極態度，IBM 也有 IBM Cloud 可提供服務。

Amazon Braket 目前可使用 IonQ、IQM、Rigetti 以及 QuEra 等業者的量子電腦，或者也可以租賃使用量子電腦模擬器（Simulator）；Azure Quantum 則可以使用 Rigetti、QCI、IonQ、Quantinuum 以及 Pasqal 等業者的量子電腦；IBM Cloud 自然是 IBM Q System 系列的量子電腦。

aws	30%
Azure	21%
Google Cloud	12%
Alibaba Cloud	4%
ORACLE	3%
salesforce	2%
IBM Cloud	2%
Tencent Cloud	2%

Cloud infrastructure service revenues in Q4 2024
$91B
(+22% y-o-y)

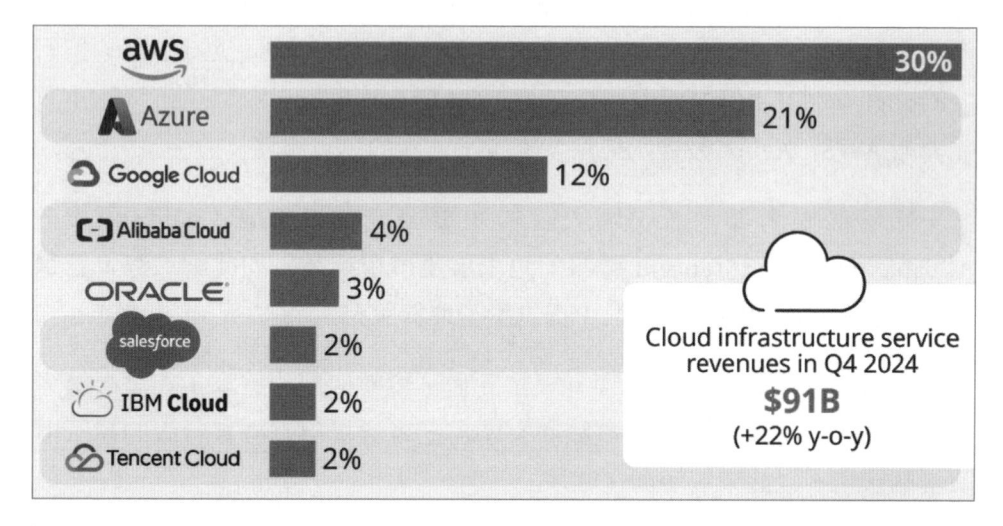

圖 56：Synergy Research Group 公開其調查資料，全球雲端基礎建設服務營收在 2024 年第四季達到 910 億美元的規模，年增率 22%，並以 Big 3（AWS、Azure、Google）等三大家持續獨占鰲頭。

資料來源：Synergy Research Group

Chap. 5

57 量子電腦商直營雲端服務

前述主要是國際公有雲服務商提供量子運算服務,但國際公有雲商也僅有少數幾家對提供量子運算雲端服務有興趣,如 AWS、Azure 等,相對於 Google 或 OCI 仍未明顯跟進,而 IBM Cloud 也以自家量子電腦為主,並非如 AWS、Azure 般嘗試提供多家量子電腦的運算服務。

國際級業者如此,中國大陸的主要公有雲商 BAT(Baidu 百度、Alibaba 阿里巴巴、Tencent 騰訊)也未展現濃厚興趣,如此則二線、三線或在地型的雲端服務商更是很少提供量子運算服務。

但是量子電腦現階段確實有短暫評估、短暫使用的需求,在雲端業者也可能採觀望態度下,量子電腦商有時自己就會提出官方直營版的量子運算雲端服務,以此來接觸潛在客戶。

知名的量子電腦商直營服務

舉例而言,英國量子電腦商劍橋量子電路(Oxford Quantum Circuits,OQC)即尚未與 AWS、Azure 合作,但自身就提供 QCaaS(Quantum Computing-as-a-Service)的雲端服務。

或者美國量子電腦商 Rigetti 雖與 AWS、Azure 合作提供量子雲端服務,但自身也直營 Rigetti Quantum Cloud Services(QCS);或者荷蘭量子電腦商 AQT(Alpine Quantum Technologies)也與 OQC 相同只提供官方直營版的雲端服務。

其他如法國量子電腦商 Alice & Bob 提供 On Felis Cloud、法國量子電腦商 Quandela 提供 Quandela Cloud、美國 QuEra 提供的 Premium Cloud Access、加拿大 D-Wave 提供的 Leap 等，均同樣是官方直營版雲端服務，這些服務甚至能與企業端的量子電腦搭配使用，並非必然擇一使用。

圖 57：荷蘭量子電腦商 AQT 提供直營的雲端量子運算服務 AQT Cloud（也稱 ARNICA）

圖片來源：AQT 官網

58

Chap. 5

量子資訊系統整合商

資訊系統整合（System Integrator, SI，或也稱資訊服務）商及其產業嚴格而論已是高度成熟且高度在地化（localization），只有少數具份量、具規模的全球性系統整合商，並以服務跨國性企業為主，例如美國高知特（Cognizant，NASDAQ: CTSH）、法國凱捷（Capgemini，Euronext：CAP）、印度 HCL（NSE: HCLTECH）等。

不過量子電腦、量子運算迥異於今日一般資訊系統，因此其系統整合商也不相同，許多時候是量子電腦商自己也扮演系統整合商角色，例如 IBM、D-Wave 等，協助客戶評估規劃所需的量子電腦規格，之後協助安裝配置等。

相對知名的量子電腦系統整合商

即便量子電腦商可能兼具系統整合角色，但依然有許多深具經驗的資訊服務商能提供量子電腦整合服務，特別是與經典電腦間的整合，例如日本富士通（Fujitsu）或法國 Atos 集團旗下的 Eviden 等，Eviden 即在 2024 年 10 月與芬蘭量子電腦商 IQM 簽署合作協議，後續 Eviden 將可協助企業客戶安裝 IQM 的 Spark 量子電腦。

除了硬體整合外也有偏向量子軟體整合的業者，如此就會由量子軟體商兼任為多，例如以色列 Classiq 即以量子軟體為主，但也提供整合服務，類似的業者還有美國 Zapata Computing（已於 2024 年 10 月從 NASDAQ 退市，而後停營）、美國 QC Ware。

其中 QC Ware 即為諸多知名企業導入量子運算，如空中巴士（Airbus）、BMW（Bayerische Motoren Werke Aktiengesellschaft，港澳大陸稱為寶馬）、高盛（Goldman Sachs）等。

圖 58：系統整合商須能替客戶規劃、運送、裝配、設定、檢視維護量子電腦，圖為 IBM 研究員正在裝配量子電腦。

圖片來源：IBM

企業管理顧問公司

Chap. 5 — 59

企業現有與未來的問題，是否真的能透過量子電腦而獲得解決或改善？有時企業自身也沒有把握，故需要企業管理顧問公司的協助，對需求與技術進行評估，最終給予指引與建議。

更簡單說，在量子電腦與企業之間，偏向資訊技術面的整合工作是資訊系統整合商負責，偏向企業營運、企業商務面的是由企業管理顧問公司負責。

理論上企業自身若有把握，是可以跳略過系統整合、管理顧問而自行購置、導入與使用量子電腦，實際上少有企業如此高把握度，因此通常要程度性藉助系統整合、管理顧問的服務，使導入更平順、更能發揮實際效益，減少導入失敗率（不合用、超支、超時）。

知名的企管顧問業者

提供企業量子電腦相關顧問服務的，如全球知名的四大會計事務所，即安永（Ernst & Young, EY）、德勤（Deloitte，台灣稱勤業眾信）、畢馬威（KPMG，台灣稱安侯建業）、普華永道（PricewaterhouseCoopers, PwC，台灣稱資誠），或前身也與會計事務所有關的埃哲森（Accenture, NYSE: ACN），或有波士頓顧問集團（Boston Consulting Group, BCG）、麥肯錫（McKinsey & Company）等。

除了跨國性知名業者能服務大型企業外，也有許多在地的企管顧問公司可協助企業評估與導入量子電腦，或也有專精提供量子電腦顧問諮詢服務的 Quantum Insider。

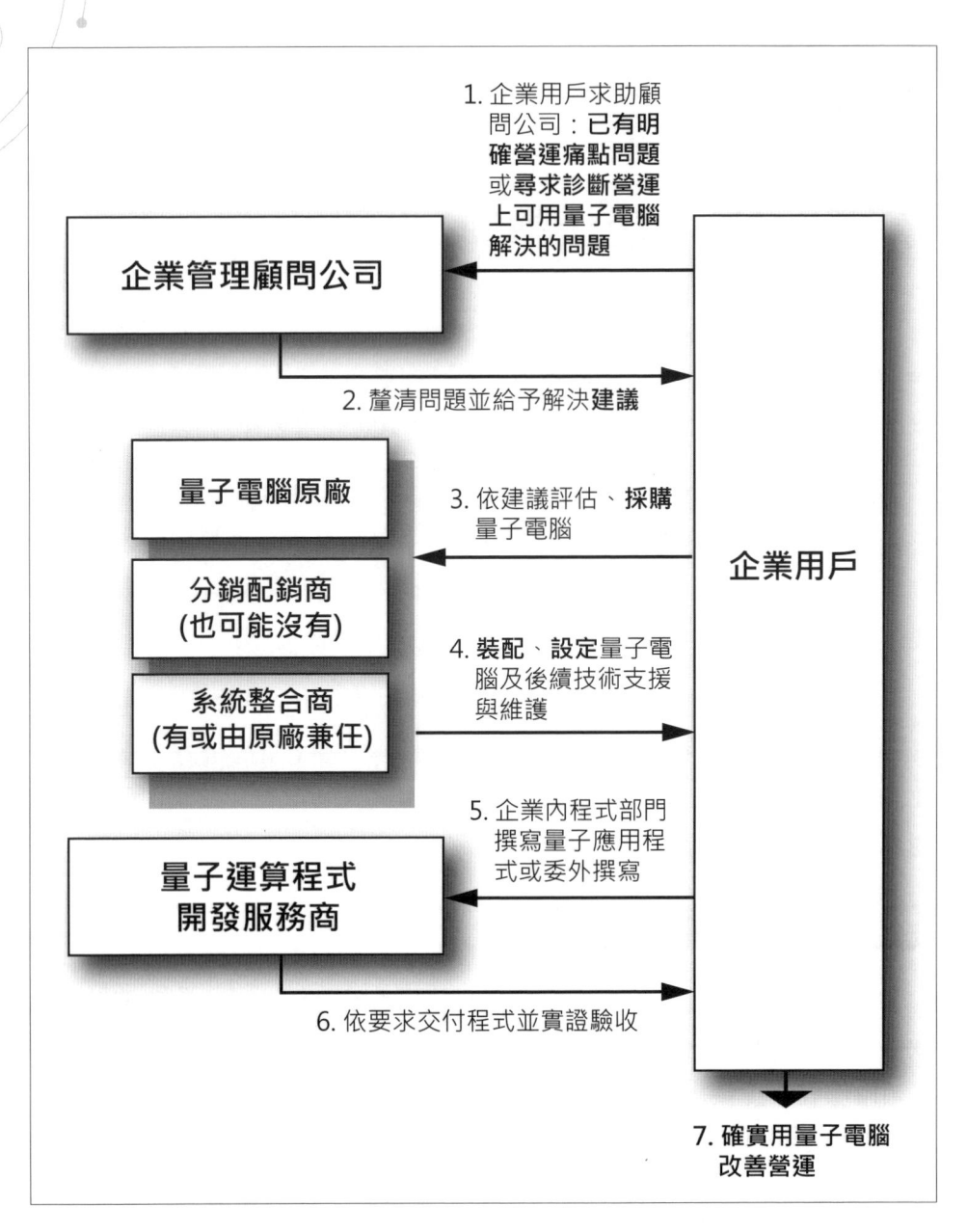

圖 59：企業量子運算導入流程圖
圖片來源：作者提供

量子運算企業培訓服務

由於量子運算與現行古典運算太不相同，企業內即便有強大的資訊部門、龐大的人員編制，也多數對導入量子電腦毫無頭緒，這時就需要有企業內訓服務，且不是學院性質的知識，而必須貼近產業實務。

內訓服務可能是由專精於量子電腦導入的系統整合商或企業管理顧問公司在原有業務之外附屬提供，但也有若干是由量子科技業者附屬提供，例如美國 QC Ware 公司即自我定位為量子運算的企業軟體、企業服務供應商，專家培訓即為其服務項。

或者加拿大量子電腦商 D-Wave 也有提供學習解決方案（Learning Solution），能由專家提供專業指導，指引企業建立自己的量子運算策略，並評估在企業的哪些營運流程或商務中可導入量子電腦。或法國量子電腦商 Pasqal 也有依據企業需求的開課服務。

線上課程、社群、軟體平台

除了有訓練服務外，也有此前提及的學習用硬體，另也有學習用的偏軟體性素材，即線上課程、線上社群、線上軟體平台等，如 AWS Braket 量子雲端服務有提供 AWS Braket Workshop 線上實務課程，另也與 Coursera 合作提供線上課程。

而 Microsoft 也有 Quantum Katas 能提供量子電腦的學習與教學，且 Quantum Katas 已採開放原碼的社群方式進行後續維護。即專家服務訓練外也提供各種自助學習素材與管道。

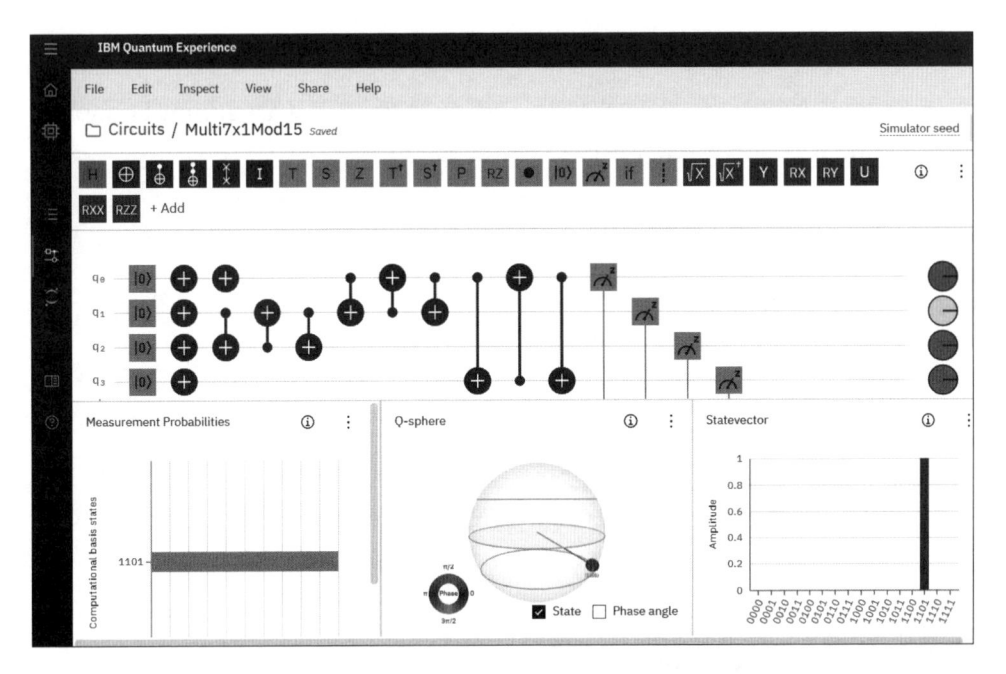

圖 60：IBM Quantum Experience（已更名為 IBM Quantum Platform）適合體驗學習量子電腦，圖為 IBM Quantum Experience 的使用者介面。

圖片來源：IBM

量子科技產業聯盟、協會

產業聯盟對產業的推動扮演不可或缺的角色，特別是在產品正要興起時格外重要，例如美國有量子經濟發展協會（Quantum Economic Development Consortium, QED-C），歐洲有歐洲量子產業協會（European Quantum Industry Consortium, EuIC）、量子旗艦計畫（European Quantum Flagship）。

或者有量子產業聯盟（Quantum industry Coalition, QiC），日本有 Q-STAR（Quantum STrategic industry Alliance for Revolution）；南韓有韓國量子產業協會（Korea Quantum Industry Association, KQIA）；台灣也有台灣量子電腦暨資訊科技協會（TAiwan Quantum Computer and Information Technology association, TAQCIT）、台灣後量子資安產業聯盟（PQC Cybersecurity Industry Alliance, PQC-CIA）等。

聯盟、協會影響力初步評估

由於聯盟、協會相當多，有的偏國區性，有的偏產業推動，有的偏政府或學研交流等，而其影響力可以從幾個方面初步評估，一是有無重量級業者或機構為其會員，二是整體會員數是否眾多，三是眾多會員下是否有層次之別，四是活動意義性與頻繁度等。

與投資較直接關聯的為產業聯盟，有時也會出現不同產業聯盟相互對壘的局面，若有某一陣營明顯勝出，另一陣營落敗的結果是旗下所屬的會員企業也難以顯著發展。

或者，也曾發生聯盟兩敗俱傷，最終該技術與產業長期發展遲緩的景

況，如過往在無線通訊領域的超寬頻（Ultra Wideband, UWB）技術，即因 WiMedia、DS-USB 兩聯盟陣營的長期互爭，最終兩陣營均未有發展。

主要國家	簡稱	全稱	主要成員
美國	QED-C	Quantum Economic Development Consortium	IBM、Google、Intel、Microsoft、Amazon
歐洲	QuIC	Quantum Industry Consortium	Atos、IQM、Thales、Pasqal、QuTech
加拿大	QIC	Quantum Industry Canada	SoftwareQ、SILQ Connect、SBQ、QVSTUDIO、Qubic、Xanadu
日本	Q-STAR	Quantum Strategic Industry Alliance for Revolution	Canon、KYOCERA、Toshiba、NEC、Toyota、NTT、IBM Japan、Hitachi、Fixstars、Mitsubishi
南韓	KQIA	Korea Quantum Industry Association	LG、Hyundai、Samsung、LG、SK telecom、KT Cloud
英國	UKQuantum	--	QuiX、ORCA Computing、ARQIT、bp、river lane、Infleqtion、OQC、SEEQC、Q-CTRL、QuEra

表 61：主要量子運算相關組織

資料來源：作者提供

量子科技研究大學

與其他產業不同的，量子電腦仍在高度前期階段，且量子電腦非常倚賴深厚物理理論、實證能力，故目前諸多量子電腦業者仍積極與各主要學術、研究單位保持聯繫，並簽訂合作協議，以便盡可能擁有技術突破的能力。如 Xanadu 與多倫多大學合作、NVIDIA 與哈佛大學、麻省理工學院合作。

另外許多量子科技新創商的創辦人、執行長或技術長多具有高度學研背景，如 Rigetti 創辦人 Chad Rigetti 為耶魯大學博士，並曾在 IBM 量子電腦研究部歷練過。

或者，許多量子新創企業根本直接從學校培植出，從企業名稱即可得知，如英國量子電腦商牛津量子電路（Oxford Quantum Circuits, OQC）則明顯衍生自英國牛津大學。

或芬蘭量子電腦商 IQM 是由芬蘭阿爾托大學（Aalto University）與北歐最大研究機構芬蘭科技研究院（VTT Technical Research Centre）兩組研究團隊合併而成立。

不僅量子新創商與量子學研單位密切相關，即便許多大企業也主動尋求學研解決問題，如日本豐田汽車（Toyota）即同時與 D-Wave、東京大學合作，歐洲空中巴士（Airbus）也與布里斯托大學（University of Bristol）長期合作。

關注企業與創辦人學術背景

由此可知，如果某間量子新創商的創辦人標榜他是 XX 大學量子研究背景，而仔細查證後發現 XX 大學根本不存在，或 XX 大學存在但沒有量

子相關研究,或雖有量子相關研究但並非強項,其研究成果在學術領域並不具份量,如此在投資評估上必然要打些折扣。

國家	主要大學、院所數目	國家	主要大學、院所數目
美國	78	伊朗	2
英國	14	瑞典	2
法國	9	南非	2
加拿大	9	丹麥	2
澳洲	8	俄羅斯	2
德國	7	芬蘭	1
日本	7	阿根廷	1
荷蘭	6	南韓	1
西班牙	4	新加坡	1
印度	4	泰國	1
中國	4	墨西哥	1
以色列	4	埃及	1
義大利	3	波蘭	1
阿拉伯聯合大公國	3	葡萄牙	1
瑞士	3	馬爾他	1
奧地利	3		

表62:各國主要量子相關研究大學數目表
資料來源:Quantum Computing Report

量子科技新創
加速器、孵化器、育成中心

Chap. 5

許多科技產業是由新創（Startup）、新興業者帶動的，例如 1977 年蘋果（Apple）推出 Apple II 微電腦並造成熱銷，電腦巨人 IBM 才開始關注「個人電腦，Personal Computer」此一新領域，讓電腦從企業走入家戶，從此開展出另一片新電腦市場。

近年來新創業者能否啟動，關鍵在於是否有足夠的引導與協助，例如新創加速器（Startup Accelerator，雖名為器，但其實是營利或非營利的服務機構）給予短期指導並引薦天使投資人（Angel Fund），進一步則是新創孵化器（Incubator，或稱育成中心），提供辦公空間、課程等配套，協助新創進一步運作，以便最終能上軌道。

知名與專精的新創孵化器

科技業知名的新創加速器、孵化器如美國 Y Combinator、TechStars，且都有知名的服務成功案例，如 Y Combinator 扶植出 Dropbox 網路儲存服務商、Airbnb 住宿仲介服務商，或 TechStars 扶植出 DigitalOcean 網站代管服務商。有時加速器、孵化器也帶有創業投資（Venture Capital, VC）的財務支援功用。

一般而言，科技領域的加速、孵化不會太拘限某個服務範疇，但確實也有專精於量子科技領域的孵化器機構，如新加坡 Qubitor，從名稱也可理解其專精在量子科技領域的新創孵化，即取量子位元與孵化器兩字而成（Qubit ＋ Incubator）。

由於量子科技的試驗發展都牽涉到諸多專業設備與環境，對新創而言財務負擔太大，而 Qubitor 能以共享設備的方式扶植、服務多家量子科技新創。

圖 63-1：新加坡 Qubitor 為專門的量子新創孵化器，提供量子相關的智財權開發、量子資訊與演算法等培訓、協同開發量子解決方案以及相關的顧問服務。

圖片來源：Qubitor 官網

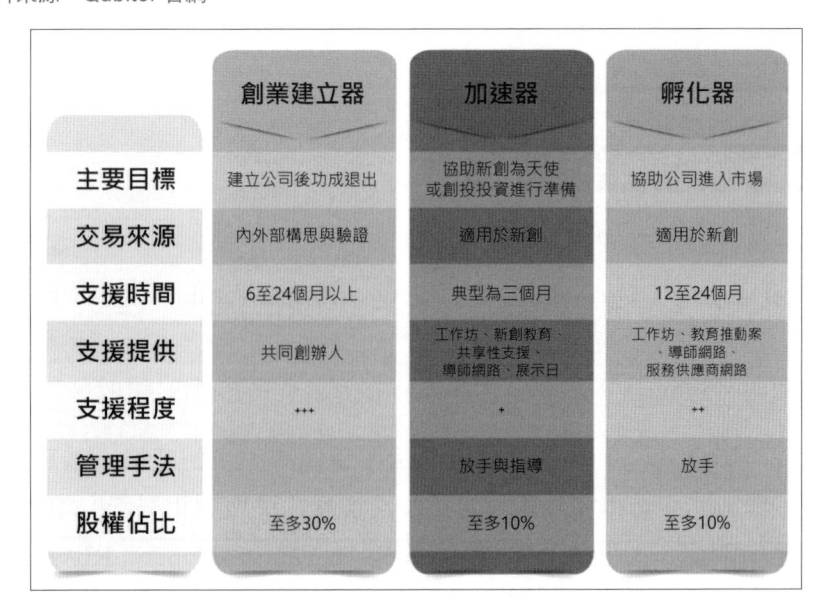

	創業建立器	加速器	孵化器
主要目標	建立公司後功成退出	協助新創為天使或創投投資進行準備	協助公司進入市場
交易來源	內外部構思與驗證	適用於新創	適用於新創
支援時間	6至24個月以上	典型為三個月	12至24個月
支援提供	共同創辦人	工作坊、新創教育、共享性支援、導師網路、展示日	工作坊、教育推動案、導師網路、服務供應商網路
支援程度	+++	+	++
管理手法		放手與指導	放手
股權佔比	至多30%	至多10%	至多10%

圖 63-2：創業建立器、加速器、孵化器三者的差異

圖片來源：Nile University，翻譯：作者

科技業創投與科技大廠策略投資

創投（Venture Capital, VC）相信許多人耳熟能詳，但創投也是有領域別的，例如知名的美國紅杉資本（Sequoia Capital）則高度專注於矽谷投資，成功的投資如 Google、WhatsApp 等；或有美國 A16z（Andreessen Horowitz，A 到 z 間有 16 個英文字母，如同國際化 Internationalization 簡稱 i18n，本土化、在地化 Localization 簡稱 l10n，或 Kubernetes 簡稱 K8s），知名的投資如 Facebook 臉書、Twitter 推特等。

另也有其他不同取向的創投機構，如某些只關注具前景的大金額固定成本投資，如再生能源、資料中心等，或有些是專注於生醫領域的投資。因此某一量子電腦新創是否有未來前景？知名創投是否投資，甚至是領投，將是一個觀察重點。

科技大廠策略投資不可小覷

另一個觀察重點則是科技大廠的投資部是否有參與投資？例如 Intel 有設立 Intel Capital，Qualcomm 有設立 Qualcomm Venture 等，其他大廠也多類似。這些科技大廠專設的投資部門只會投資對自己本公司業務後續有利、有綜效（Synergy）的新公司，鮮少投資自己不熟悉的領域。

因此，獲得科技大廠青睞投資的量子新創商，也如同獲得高科技創投商投資一樣，已經獲得初步的肯定，後續發展的失敗率相對低。如 2023 年 2 月博世集團旗下創投公司（Robert Bosch Venture Capital, RBVC）投資英國 Quantum Motion，或 2025 年 2 月廣達電腦（TSE: 2382）投資美國 Rigetti（NASDAQ: RGTI）約 3,500 萬美元等。

日期	募資類型	投資者數目	投資金額
2025 年 6 月 11 日	掛牌後募股	未揭露	3.5 億美元
2024 年 11 月 25 日	掛牌後募股	未揭露	1.0 億美元
2024 年 2 月 5 日	贈予	1	未揭露
2024 年 1 月 11 日	贈予	未揭露	未揭露
2022 年 3 月 2 日	掛牌後募股	8	1.0 億美元
2020 年 8 月 4 日	C 輪	9	7,900 萬美元
2017 年 11 月 17 日	B 輪	7	5,000 萬美元
2017 年 3 月 28 日	B 輪	6	4,000 萬美元
2016 年 1 月 1 日	A 輪	7	2,400 萬美元
2015 年 11 月 1 日	可轉債	1	25 萬美元

表 64：量子電腦商 Rigetti 近 10 年募資歷程表
資料來源：作者提供

量子電腦架構技術授權商

量子架構商目前只有一間,即奧地利 ParityQC,更直接說是 ParityQC 自己提出「量子架構商」此一獨特的產業定位主張,但不排除未來也有其他業者也跟隨 ParityQC 公司的模式提供服務,故也將量子架構商視為另一種可能的服務、支援方式。

ParityQC 有一套自主發展的量子電腦架構,量子電腦商可以支付技術授權費用取得其架構,而後依循架構來開發量子電腦,而其架構的獨特之處在於已經考慮了量子位元的擴展性與運算錯誤的校正等,且與實現技術無關,其架構可以用於矽自旋技術的量子電腦,也可以用於超導迴路的量子電腦,依此類推。

ParityQC 另一特點為 ParityOS 軟體技術,該軟體能將企業面對的現實問題轉化成能用量子電腦、量子演算法計算的型式,而後進行解算。

知名客戶採用其架構

2021 年 2 月日本恩益禧(NEC,TYO: 6701)即向 ParityQC 取得其架構授權,依循其架構來開發自己的量子退火電腦,或者 2024 年 5 月荷蘭恩智浦(NXP,NASDAQ: NXPI)與德國 EleQtron、ParityQC 合作,要在德國開發 DLR 量子運算倡議計畫(Quantum Computing Initiative, QCI)的量子電腦實證機。

更簡單說,ParityQC 類似安謀科技(Arm,NASDAQ: ARM)是一間技術架構授權商,自身不產製、銷售實質硬體,但以技術授權費、量產權

利金等方式銷售實現硬體的技術。未來若 ParityQC 的架構受到廣泛採用將有可觀收益，並在量子電腦產業中建立技術生態影響力。

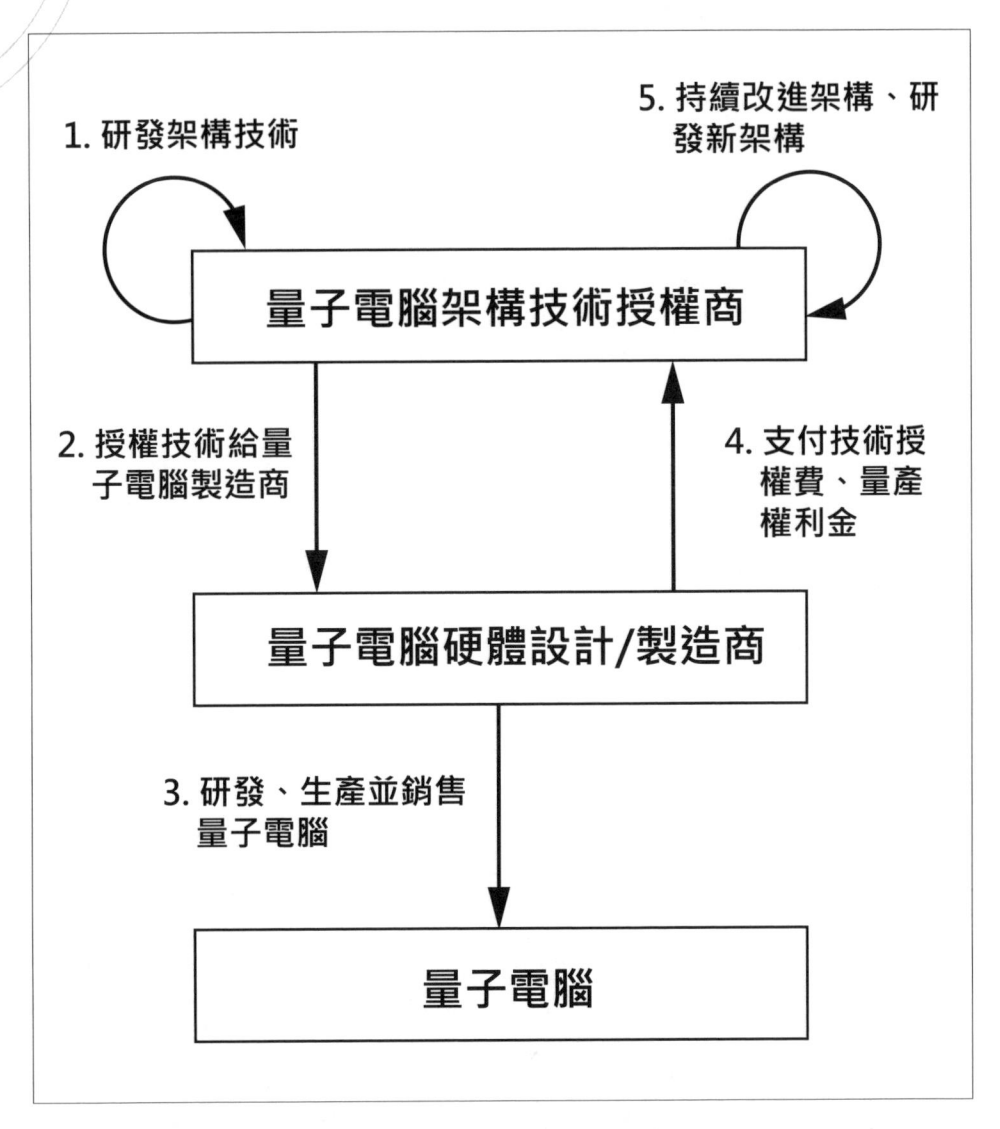

圖 65：量子電腦架構技術授權商營運模式示意圖
圖片來源：作者提供

Chap. 6

量子通訊、資安、感測概念股

66 ⟶ 75

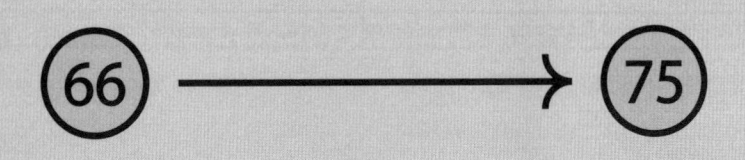

量子通訊、量子資安、量子感測

量子科技不單是用於運算，也能用於通訊、安全、感測等領域，因而有量子通訊、量子安全（在此指資訊安全與通訊安全而無關實體安全）、量子感測等技術與產品方案出現，這些都與量子電腦一樣深具未來市場潛力。

另外如前所述，量子電腦未來有望破解現行大宗運用的非對稱式密碼，因此美國國家標準暨技術研究院（NIST）已積極廣召各界共同制訂另外一套不容易被量子電腦破解的密碼系統，此稱為後量子密碼（Post-quantum cryptography, PQC）或抗量子（Quantum-Resistant）密碼、量子安全（Quantum-Safe）密碼。

比量子電腦更快浮現商機

知名管理顧問公司邁肯錫（McKinsey & Company）曾在其官網發專文表示，量子通訊（量子資安有時包含在量子通訊內）、量子感測的市場可能比量子電腦更早到來，並預期會吸引到更多資金。文中也將量子通訊簡稱 QComm（Quantum Communication），將量子感測簡稱 QS（Quantum Sensing），量子運算則是 QC（Quantum Computing，也包含量子模擬 Quantum Simulation）。

邁肯錫在該文中也提到，QC、QComm、QS 並不一定是各自獨立運用的技術，也可能同時搭配使用，因此廣義而言 QComm、QS 也是量子電腦整體產業鏈中的一環。

即便 QComm、QS 市場被推測可能比 QC 更快成熟，但依然屬於前瞻性技術，能否成熟商業化同樣在於關鍵技術能否突破。

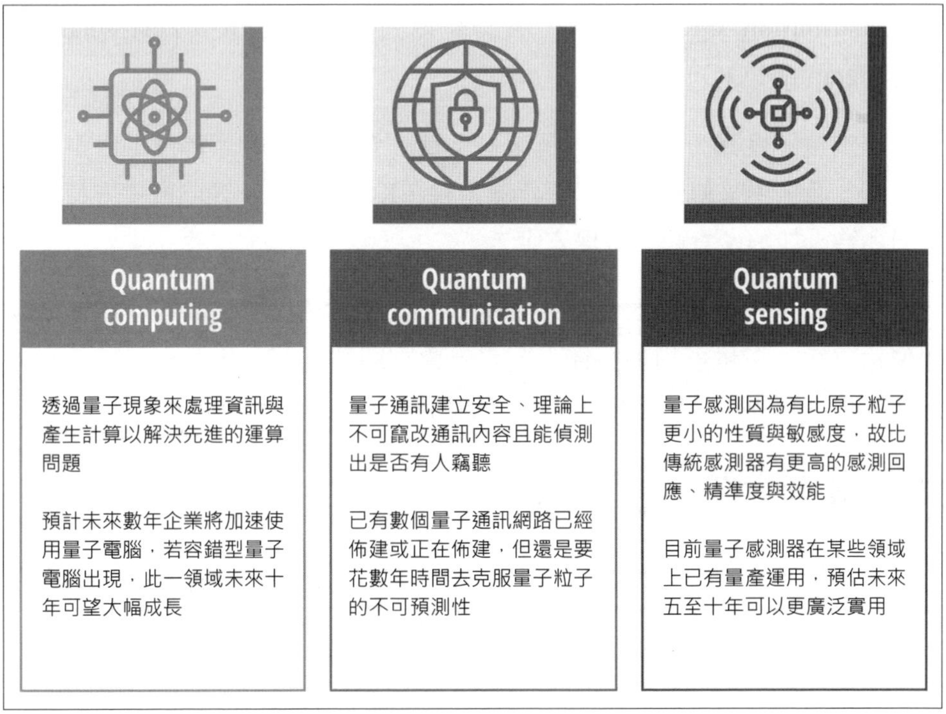

Quantum computing	Quantum communication	Quantum sensing
透過量子現象來處理資訊與產生計算以解決先進的運算問題 預計未來數年企業將加速使用量子電腦，若容錯型量子電腦出現，此一領域未來十年可望大幅成長	量子通訊建立安全、理論上不可竄改通訊內容且能偵測出是否有人竊聽 已有數個量子通訊網路已經佈建或正在佈建，但還是要花數年時間去克服量子粒子的不可預測性	量子感測因為有比原子粒子更小的性質與敏感度，故比傳統感測器有更高的感測回應、精準度與效能 目前量子感測器在某些領域上已有量產運用，預估未來五至十年可以更廣泛實用

圖 66：Deloitte 對三種量子技術的描述與展望看法
資料來源：Deloitte analysis，作者翻譯

量子金鑰配發方案商

量子電腦一旦達到可觀的量子位元數目後,即可用 Shor 演算法輕易破解現行大宗使用的非對稱密碼系統,如此 Internet 將不再安全,對此有兩種重新保持安全的作法,一是改行量子金鑰分發(Quantum Key Distribution, QKD)技術,另一是改行後量子密碼(Post-Quantum Cryptography, PQC)技術。

所謂量子金鑰分發,一樣是運用上量子疊加、糾纏等特性,但不是用於計算,而是用來傳輸資訊,即傳遞金鑰(Key)資訊,讓收發雙方使用相同的金鑰來加解密資訊,確保安全。

量子金鑰分發技術的特點是一旦有惡意者試圖從收發路徑中攔截、竊聽傳輸內容,在量子物理特性上內容就會立即被破壞,如此也就知道有人正在竊聽,竊聽者也無法獲知正確傳輸內容,即竊聽無法得逞。

量子金鑰分發方案主要業者

目前能為企業客戶導入量子金鑰分發技術方案的廠商主要有瑞士 ID Quantique(於 2025 年 2 月被 IonQ 購併)、歐洲的東芝(Toshiba)、中國大陸的國盾量子(QuantumCTek)、澳洲 QuintessenceLabs、美國 MagiQ Technologies、新加坡 SpeQtral、以色列 HEQA Security 等,另也有更多業者對此領域躍躍欲試。

量子金鑰分發方案通常需要為客戶裝設新的網路通訊設備、佈建新的一套網路系統,而無法與現行已廣泛佈建的網路系統相容,故較適合用於據點少、專屬網路的情境中,中短期內難以被廣泛採用。

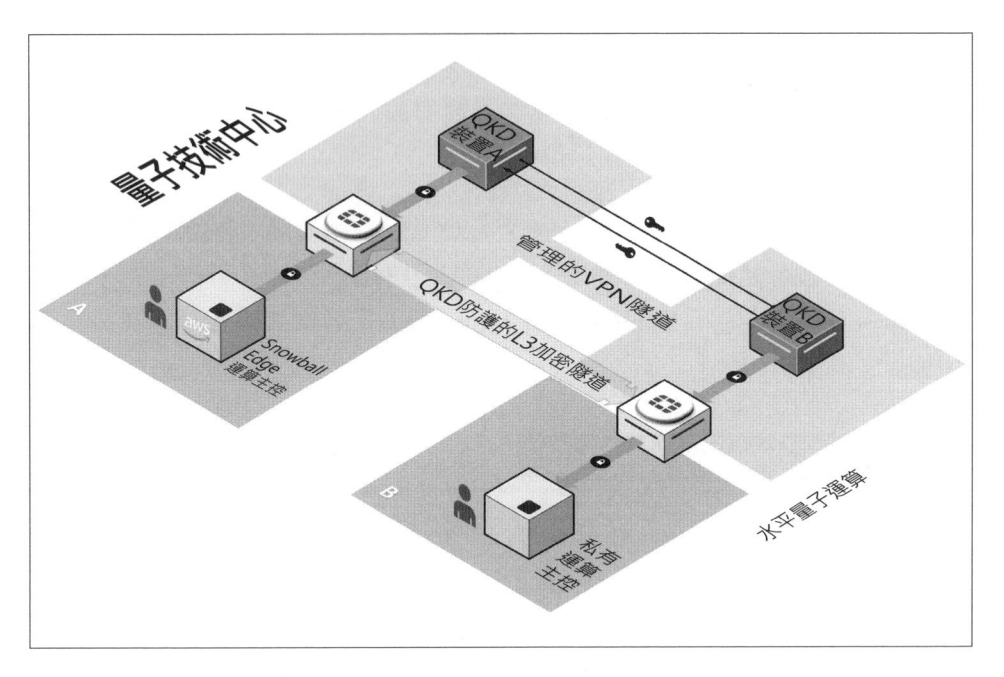

圖 67：AWS 在新加坡與 Fortinet 及其他技術夥伴成功試行 QKD 通訊網路示意圖

圖片來源：AWS，作者翻譯

量子金鑰配發技術試煉及競賽

與量子電腦相同的，量子金鑰配發技術也是前期發展性技術，還在持續精進與探索其潛力中。量子金鑰配發需要用到光子的量子特性，故只能使用光纖線傳輸，無法用於銅線傳輸。

另外各界也持續試煉金鑰配發技術的能耐，例如盡可能讓金鑰能遠距離配發，或盡可能提升其傳輸率，目前透過中繼作法已經可以有上千公里的傳輸，而傳輸率僅在數 kbps 至數 Mbps 間，且通常傳輸距離越遠，也越有傳輸率提升的挑戰。

無線光傳輸版的量子金鑰配發

量子金鑰配發除了用有線的光纖傳輸外，其實也可以透過無線光傳輸來實現，學名上稱為自由空間光通訊（Free-Space Optical Communication），包含地表上兩地之間的通訊，也包含一端在地表（地面站）、一端在高空（飛機或衛星）的通訊，或收發兩端均在高空的通訊。

歐、美、加拿大、印度、南韓、日本等國都在積極發展無線光通訊版的量子金鑰配發，而中國大陸在 2016 年發射的試驗衛星墨子號，首先成功完成無線光傳輸的量子金鑰配發試驗。

事實上正在研議中的下一代（第六代，6G）行動通訊標準中，極有可能將量子金鑰配發納入技術提案，畢竟自第五代中後期（B5G，Beyond 5G）開始高空或衛星通訊也已經納入標準，量子金鑰配發在全新建立的有線、無線傳輸網路中深具發展潛力。

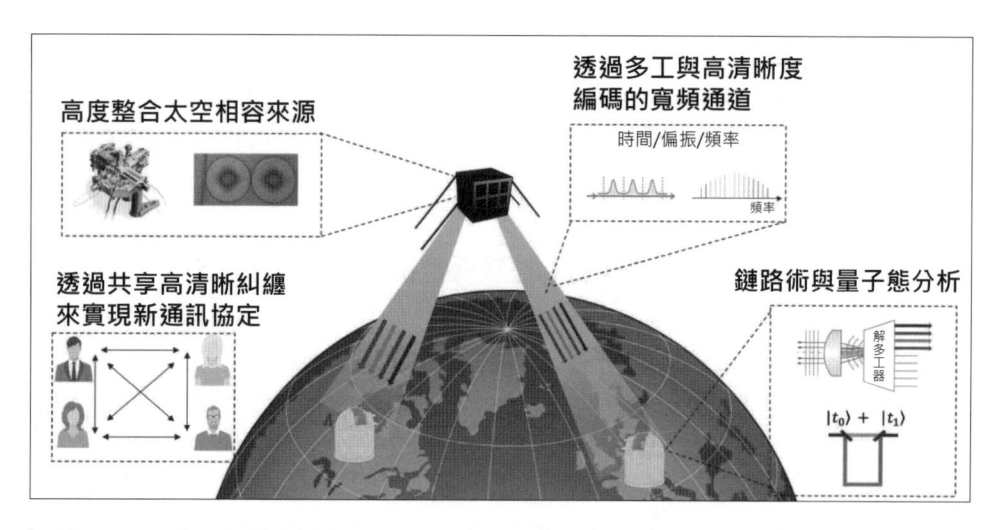

圖 68：加拿大與歐洲合作試驗量子衛星雙向下行鏈路方案概念圖
圖片來源：滑鐵盧大學，作者翻譯

量子金鑰配發
已在特許行業獲肯定

　　如前述，量子金鑰配發適合用於新網路建置、少數據點通訊，而這很合乎特許行業（或稱產業）的特性，如公部門、醫療、金融、電信等，這類的產業重視通訊的機密性，畢竟牽涉到國家機密、病歷、資產等，這類產業通常也被各國視為關鍵基礎設施（Critical Infrastructure, CI）。

　　台灣的資通安全管理法也將 8 種關鍵基礎設施納入主要保護，即能源、水資源、通訊傳播、交通、銀行與金融、緊急救援與醫院、中央與地方政府機關、高科技園區。

　　特許產業為了資訊安全可以不計血本（醫療、金融、電信通常也有高獲利而有充沛資通訊預算）建置新的私有（Private，不與公眾網路連接與分享）通訊網路或換替現有已建置的網路，為了避免未來量子電腦能破解其加解密內容而導入 QKD。

實際案例

　　舉例而言，英國匯豐銀行（HSBC）即有導入東芝（Toshiba）的 QKD 方案，南韓行動通訊商 SK Telecom 則導入瑞士 ID Quantique（簡稱 IDQ，已屬美國 IonQ 所有）的 QKD 方案。

　　或者如美國富國銀行（Wells Fargo）、安永會計師事務所（EY）、波蘭國家研究機構（National Research Institute, NASK）等也都有導入 QKD 量子加密傳輸網路方案。

附帶一提，QKD 技術方案商可能只專長於 QKD 網路設備，實際的網路建置可能與其他佈建商合作完成，如安永在英國的 QKD 網路即是東芝與英國電信（British Telecom, BT）合作完成。

圖 69-1：匯豐銀行（業主）、東芝（設備商）、英國電信（營運商）在英國合力打造量子金鑰配發技術的安全通訊網路，並用於外匯交易。

圖片來源：Toshiba

圖 69-2：東芝量子密碼（暗號）通訊設備，即量子金鑰配發設備。

圖片來源：Toshiba

後量子密碼技術

相對於量子金鑰配發方案，另一種避免被量子電腦破解密碼的作法是改導入後量子密碼，簡單說即是用新的非對稱式密碼演算法取代 RSA（Rivest Shamir Adleman）、ECC（Elliptic Curve Cryptography）等現行常用的非對稱式演算法，此稱為後量子密碼（PQC）。

更簡單說，後量子密碼是一種用現行電腦即可在務實時間內加解密的新演算法，或至少是加裝新的硬體加速晶片下能在務實時間內加解密的新演算法，但這種演算法必須是讓那種擅長以疊加特性快速求解的量子電腦，難以短時間內破解的密碼。

事實上即便是現行的 RSA、ECC 演算法，一般電腦也難以即時完成加解密處理，通常會使用加速指令集、加速電路、加速晶片、加速卡等方式，使電腦能即時完成加解密，PQC 只是比照辦理而已。

採行 PQC 的好處是較為相容現行大眾網路體系（廣域的網際網路 Internet、區域的乙太網路 Ethernet 等），現行佈建的網路只要些許更動就能適用 PQC 而獲得防護。

需要廣泛一致的 PQC 標準

提出「取代 RSA、ECC 同時不易被量子電腦破解的新演算法」最初只是一個倡議概念，而後成為業界共識，但依然需要有共通標準才行，對此經過好幾輪的技術提案，2024 年 8 月才由美國國家標準暨技術研究院（NIST）發佈正式標準，有了正式標準後，市場潛能才能真正打開。

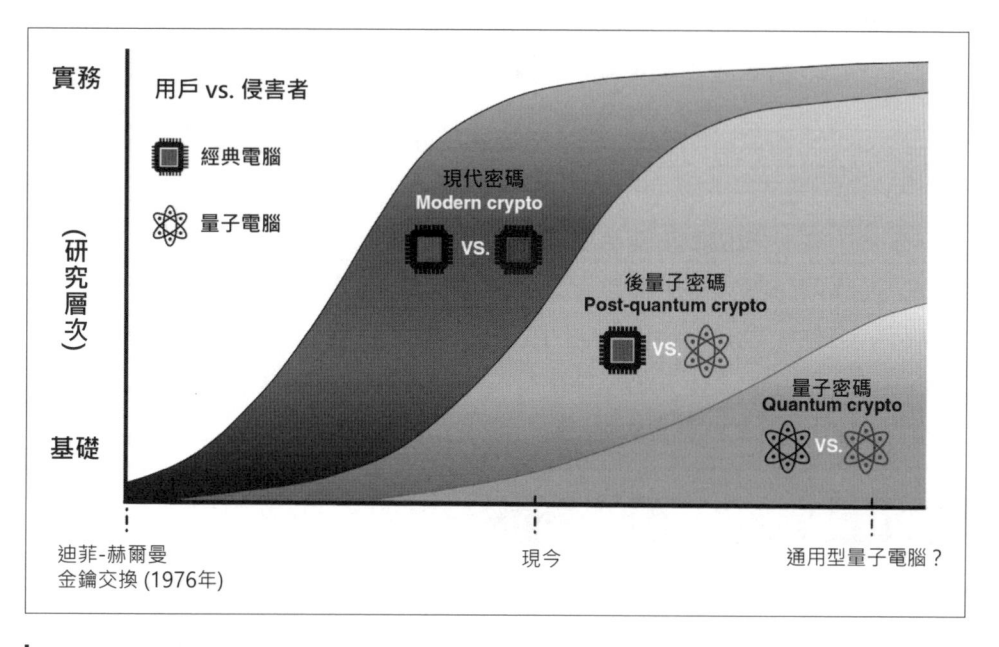

圖 70：後量子密碼介於經典運算與量子運算間

圖片來源：NTT

71 後量子密碼技術方案商

Chap. 6

後量子密碼（PQC）方案也是以佈建網路設備的方式實現，但設備內為後量子密碼的硬體加速晶片或加速卡，或是在現行設備內加裝或換裝加速卡來實現，這類系統通常為硬體防護模組（Hardware Secure Module, HSM）設備。

事實上現行 HSM 設備商主要是提供 RSA、ECC 加密加速能力，但因為未來持續的防護需要，通常會升級成具備 PQC 加密加速的能力，主要的 HSM 均朝此方向提升，如法國 Thales 集團（ISIN: FR0000121329）、美國 Entrust、美國 IBM（NYSE: IBM）、德國 Utimaco、法國 Atos 集團旗下的 Eviden、美國 FutureX 等。

台灣業者也著墨後量子密碼方案

除了知名 HSM 設備商外，台灣也有許多著業者投入 PQC 方案研發並銷售，如匯智安全科技（WiSecure Tech）的 kvHSM 加速卡即能升級支援 PQC，或有池安量子資安（Chelpis）協助企業導入 PQC，過程中也會用及硬體加密晶片，但整體而言較偏向於資訊服務性質。

另外，華邦電子（Winbond，TSE: 2344）在 2025 年 5 月宣佈其安全取向的快閃記憶體（Secure Flash）支援 PQC，可在記憶體內安全存放 PQC 金鑰資訊，該晶片有機會運用到伺服器、醫療、產業物聯網、車用等領域，故也屬 PQC 概念股。

由於 PQC 的導入牽涉到從現行 RSA/ECC 轉移到 PQC 的過程，僅有

全新建置不需考慮轉移程序，而轉移程序為一大風險工程，故過程中資訊服務商、整體資安方案商等將扮演重要角色。

圖 71：匯智安全科技的 kvHSM 硬體安全模組，以 PCI Express 介面加裝到安全設備中。

圖片來源：匯智官網

量子亂數產生技術及方案商

資安領域經常需要用到隨機值（或稱隨機數字、隨機數、亂數）產生器，簡稱 RNG（Random Number Generator），隨機值最初是用軟體演算法方式產生，但演算法具有規律性，看似隨機，若有大量的分析依然能逆向推導出其數字產生規律，並非真的隨機，此也稱為偽隨機（Pseudo Random Number Generator, PRNG）。

之後有使用硬體方式產生隨機數的作法，如此就真的隨機，因此也稱真隨機（True Random Number Generator, TRNG），不過真隨機也有「無法完整監控物理過程，也無法確保其完整性」的缺點，故近年來更加倡議的是使用量子隨機數產生技術，即 QRNG（Quantum Random Number Generator），或稱 QTRNG（Quantum True Random Number Generator）。

QRNG 主要方案商

QRNG 也是以晶片、介面卡、設備等硬體方式提供，且有許多量子電腦商、量子通訊設備商有能力延伸提供，例如 IonQ/ID Quantique 既有提供 QKD 方案也有提供 QRNG，Toshiba 也是既有 QKD 也有 QRNG。

或者美國量子電腦商 Quantinuum 既有研發銷售量子電腦，也有提供 QRNG 方案，其 QRNG 方案稱為 Quantum Origin；或者印度 QNu Labs 既有提供 QKD 方案、PQC 方案，也有提供 QRNG 方案，其 QKD 方案稱為 Armos，PQC 則為 Hodos，QRNG 則為 Tropos。

其他還有澳洲 QuintessenceLabs（簡稱 QLabs）、中國大陸國盾量子（QuantumCTek）、英國 Qrypta Labs、瑞士 Terra Quantum、新加坡 Random Quantum、美國 MagiQ 等也都有提供 QRNG 方案。

值得注意的是，只要有隨機數產生的需要就可以使用 QRNG，不必然要與 QKD、PQC 等量子資安相關方案搭配使用。

圖 72-1：QuNu Labs 的 Tropos 量子隨機亂數產生器
圖片來源：QuNu Labs 官網

圖 72-2：Quside 公司的 RPU One 量子隨機亂數產生器
圖片來源：Quside 官網

Chap. 6　量子通訊、資安、感測概念股　166 —— 167

量子感測技術商機

相對於量子運算、量子通訊以及與量子通訊息息相關的量子資安，量子感測似乎是比較不起眼的一塊，但其實量子感測也有其技術與市場前景。量子感測主要是運用量子物理特性來獲得更靈敏的感測效果，包含對重力、磁場、方位、時間等有更精密的測度。

有更精密的感測能力能做什麼？首先當然是滿足電腦內的訊號讀取需求，所以量子感測也是量子電腦內不可或缺的一環，但除此之外量子感測還有更廣泛的應用，例如以量子感測技術實現的原子鐘（Atomic Clock）具有極高的時間精準性，衛星運作、國際金融交易、資料中心等都需要使用。

量子感測技術應用範疇廣

或者有量子磁力計（Quantum Magnetometers），可用於腦磁圖（Magnetoencephalography, MEG）的醫療診斷用途，或量子光學感測器（Quantum Optical Sensor）可用來改進、提升光學雷達（簡稱光達，Light Detection And Ranging, LiDAR）的解析度與抗雜訊能力，使自駕車更智慧、更安全。

量子感測技術還有許多領域等待探索，例如用於材料科學領域、用於生物磁場偵測、用於石油探勘、用於電路故障分析、用於天文攝影等，都有比現行經典、古典物理感測器（相對於經典、古典物理的是極大變革性的量子物理）更佳的表現。

事實上感測器技術此前也有一番變革，以用微機電系統（Micro

Electro Mechanical Systems, MEMS）技術實現的感測器造就一波市場榮景，或許量子感測技術能成下一波期許。

圖 73-1：德國博世（Bosch）與戴比爾斯（De Beers Group）集團下的人造鑽石製造商 Element Six 合資成立 Bosch Quantum Sensing 公司，共同發展人造鑽石技術的量子感測器，可用來偵測極微弱的磁場，並用於醫療診斷、慣性導航、資源探勘等領域，圖即為其感測器。

圖片來源：Bosch Quantum Sensing

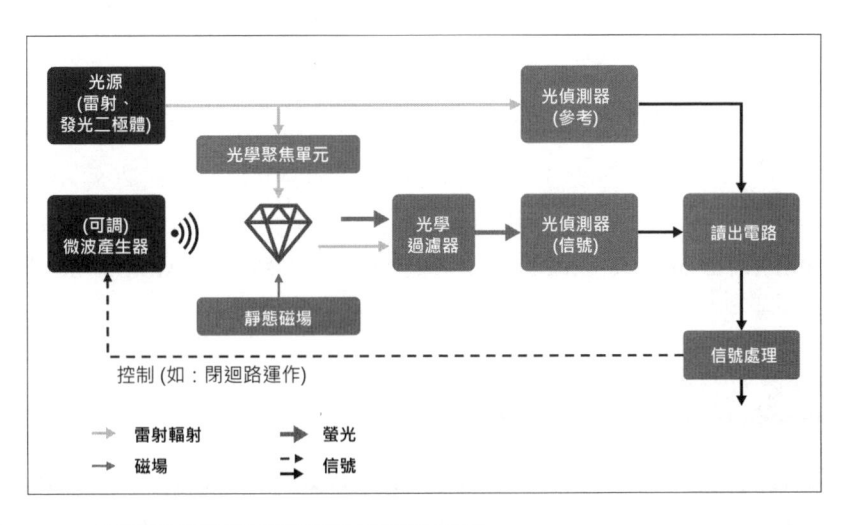

圖 73-2：人造鑽石量子磁場感測技術示意圖

圖片來源：Bosch Quantum Sensing，作者翻譯

量子感測器主要業者

無論是傳統感測器或是量子感測器，感測器本身都是個多元廣泛的領域，很難有某個廠商能包辦所有類型的感測器，再加上量子技術有其技術門檻與挑戰，故量子感測器業者也呈現多家各自專精的型態。

例如此前提及的 Ion/ID Quantique，在 QKD 量子通訊、QRNG 量子資安等業務外，還有超導奈米線光子偵測器（Superconducting Nanowire Single-Photon Detector, SNSPD），荷蘭 Single Quantum 也有提供 SNSPD。

或者瑞士 Qnami 主要在研製量子顯微鏡（Quantum Microscope），澳洲的 Nomad Atomics 則在於研製緊緻、低成本的冷原子量子重力儀；瑞士 Miraex 也在於光子感測器。

還有美國 Mulberry Sensors 專注於量子級聯雷射（Quantum Cascade Laser, QCL）技術與氣體感測；或有加拿大 SBQuantum 研發以鑽石為基礎的量子感測器，法國 KWAN-TEK 也專長於鑽石量子感測器；德國 Quantum Technologies GmbH 則在量子磁力計；新加坡 Atomionics 則是開發原子干涉法的量子感測器，能精確定位地下結構。

更多具潛力的量子感測器商

其他尚有美國 LI-COR、美國 Apogee Instruments、美國 Campbell Scientific、美國 NuCrypt、加拿大 GEM Systems、英國 Peratech、法國 Muquans 等公司，都是具有潛力的量子感測器業者。

或者美國 Infleqtion（前身為 ColdQuanta）既有量子電腦、量子軟體也有量子感測，如原子鐘（時間感測）、量子無線射頻接收器（RF Receiver）、量子慣性感測器等；英國 Aquark Technologies 也在於冷原子鐘；或有以色列 QuSpin 專注於光幫浦磁力計（Optically Pumped Magnetometer, OPM）等。

#	國別	公司名
1	美國	LI-COR
2	美國	Apogee Instruments
3	美國	Campbell Scientific
4	美國	NuCrypt
5	加拿大	GEM Systems
6	法國	Muquans
7	英國	Peratech
8	新加坡	Atomionics
9	加拿大	SBQuantum
10	美國	Mulberry Sensors
11	瑞士	Miraex
12	澳洲	Nomad Atomics
13	瑞士	Qnami
14	荷蘭	Single Quantum

表 74：主要量子感測技術業者表
資料來源：作者提供

具顛覆潛力的量子羅盤

在各種量子感測技術中，量子羅盤（Quantum Compass）是值得進一步關注的一塊，在此不去細究量子羅盤的機理，直接說明它的好處，量子羅盤可以在毫無外部通訊下達到精準定位。

目前的移動定位主要倚賴衛星導航，以美國全球地位系統（Global Positioning System, GPS）為例，為了達到全地表面積的完整覆蓋，需要在4個太空軌道上各自佈建6枚衛星，共計24枚。每隔幾年就有衛星因壽命到期而墜毀，需要補發射衛星去遞補，維持整套定位系統的費用高昂，遑論其他衛星定位系統，如中國大陸北斗（BeiDou navigation satellite System, BDS）、歐洲伽利略（Galileo）定位系統以及印度、巴西等，加總需要數十、數百枚。

而且，衛星信號打回地面，至多穿透玻璃，無法進一步穿透，故車輛進入地下停車場或隧道後就失去定位，這時是倚賴慣性感測器（加速度感測器、陀螺儀等）來接續運作，但其實會逐漸出現誤差，直到車輛重新獲得衛星信號後再進行修正。

相對的，量子羅盤從頭到尾不用外部通訊也能精準定位，若成功將使衛星導航系統價值大減，目前量子羅盤體積過大，一般要一立方公尺容積，故只有少數載具配備試用，如潛艦、大型飛機或輪船等，有待精進。

主要的量子羅盤技術商

目前研發、銷售量子羅盤技術與產品的廠商主要有英國 M Squared

Laser，其他如 SandboxAQ、Q-CTRL、QinetiQ 等業者也有研究量子相關的導航技術。

圖 75：英國倫敦帝國學院（Imperial College London）的科學家在倫敦地鐵中測試「量子羅盤」

圖片來源：Jawsak

Chap.
7

量子電腦產業與
市場分析

76 ⟶ 90

全球量子電腦市場預測

目前已有許多產業研究、市場調查研究（中國大陸簡稱調研）機構對全球的量子運算市場進行預測，如 Markets and Markets、Fortune Business Insights、Grand View Research、Quantum Insider 等。

各機構發佈的時間不盡相同，對未來數年的預算區間也不同，以 Markets and Markets 在 2024 年 4 月的發佈而言，預測全球量子運算市場在 2024 年至 2029 年間將有 32.7% 的年複合成長率（CAGR），並在 2029 年達到約 53 億美元的市場規模。

而 Fortune Business Insights 在 2025 年 4 月的發佈，預測 2024 年至 2032 年間全球量子運算市場將有 34.8% 的年複合成長率，並在 2032 年達到約 126 億美元的市場規模。

強勁的雙位數年增率

至於 Grand View Research 則表示 2024 年全球市場約在 14.2 億美元的規模，並在 2025 年至 2030 年間將有 20.5% 的年複合成長率，是相對保守的估計；至於 Quantum Insider 則給出一個大膽但概略的預估，認為全球市場將在 2035 年達到 500 億美元。

市場總值的不同其實也牽涉到市場邊界定義差異，Quantum Insider 是採行較寬大的市場認定，不僅將量子電腦的銷售計入，也把租賃使用或導入服務等產出也計入。

姑且不去細究市場邊界定義與具體總額，重點在於對未來數年區間的年複合成長率的預估態度上，多家機構都給出兩位數（double digit）以上

的年增率預算，且並非只是介於 10% 至 20% 的年增，而是 20% 至 30% 的年增預估，顯示各方對其未來市場抱持強勁成長的態度。

全球量子運算市場 – 區段營收

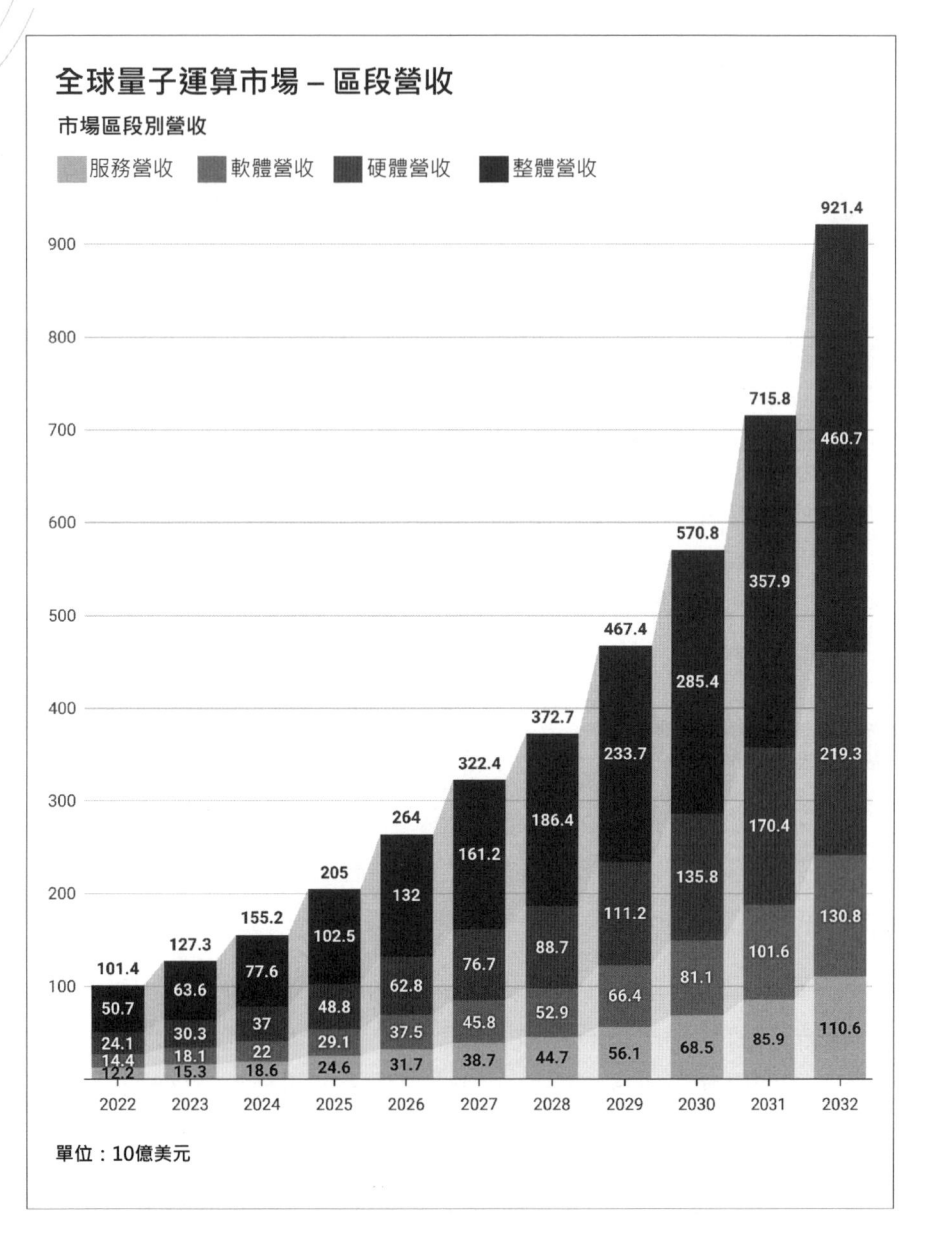

市場區段別營收：服務營收、軟體營收、硬體營收、整體營收

年度	服務	軟體	硬體	整體
2022	12.2	14.4	24.1	50.7	101.4
2023	15.3	18.1	30.3	63.6	127.3
2024	18.6	22	37	77.6	155.2
2025	24.6	29.1	48.8	102.5	205
2026	31.7	37.5	62.8	132	264
2027	38.7	45.8	76.7	161.2	322.4
2028	44.7	52.9	88.7	186.4	372.7
2029	56.1	66.4	111.2	233.7	467.4
2030	68.5	81.1	135.8	285.4	570.8
2031	85.9	101.6	170.4	357.9	715.8
2032	110.6	130.8	219.3	460.7	921.4

單位：10億美元

圖 76：市場調查研究機構 market.us 針對量子運算的硬體、軟體、服務等市場區段分別作出成長預測

圖片來源：market.us

量子電腦尚處於前期高垂直性市場

量子電腦與現行已大宗成熟的 x86 架構電腦、Arm 架構電腦不同，成熟電腦已高度水平分工，有專門的處理器晶片商、有專門的板卡製造商、有專門的系統組裝廠等，相互之間使用產業標準化的介面進行連接，或至少是上下游默契議定的連接方式。

例如主機板與介面卡間使用 PCI Express 介面，處理器與主機板間也已經由處理器商與主機板商議定連接方式，如 Socket AM5、LGA1851 等，其他如記憶體、硬碟等也是如此。電腦機構外殼也依循標準機架機櫃尺寸設計製造，即寬度 19 英吋，高度以 1.75 英吋為單位增減等。

重回一體打造時代

不過量子電腦不同，如前所述，量子電腦有鄰近絕對溫度的冷卻設計、真空、雷射等各種不同的條件要求，故其形體尺寸目前尚難標準化，多數量子電腦的構型（Form Factor）尺寸為自由設計。

另外量子處理器晶片（QPU）與系統內的其他設置也必須高度相互搭配，無法如今日成熟電腦般以標準或默契介面連接，甚至還要搭配安裝服務、導入顧問服務等。更直接說，目前的量子電腦屬於高度垂直整合的前期產業階段。

事實上電子電腦從二次世界大戰後開始發跡，也是維持數十年的高度垂直整合設計，一直要到 1980 年代初才開始走向水平分工、水平整合，故各位應正常看待目前量子電腦前期發展的產業樣態。

圖 77：奧地利 AQT 公司宣稱其為全球第一個推出合乎商用 19 吋機架（業界普遍標準）且室溫的量子電腦，多數量子電腦仍採自由外觀尺寸設計。

圖片來源：AQT

IBM 居量子電腦領導者地位

量子電腦目前全球有數十、上百家業者投入研發製造，但真正已商業化銷售推展的仍不多，而市場與產業調查研究機構也開始對量子電腦市場進行衡量，例如國際數據資訊（International Data Corporation, IDC）即在 2023 年 8 月發佈量子運算系統（Quantum Computing System）的 Marketscape 調查結果。

該次調查顯示市場上有七家主要量子電腦商，如美國 IBM、Rigetti Computing、Quantinuum、IonQ，芬蘭 IQM、法國 PASQL 以及加拿大 Xanadu 等，七家業者處於市場中的不同位置。

檢視量子電腦商市場地位

其中 IBM 位於 Marketscape 中的最右上角（橫軸的商業策略佳、縱軸的產品功效能耐也佳），意味著 IBM 居於市場領導、領先地位；次之則有 Rigetti、Quantinuum，兩業者居於主要業者（Major Player）的位置；更次則為 IQM、IonQ、PASQAL 等，已屬於競爭者（Contender）位置；另外 Xanadu 則為市場參與者（Participant）。

除了「越居於右上角位置越佳」外，每個業者的氣泡面積大小則為其市場斬獲能力，目前以 IBM 的圓面積最大，故其既有領導地位也有市場斬獲。其他業者的圓面積則相去不遠，但如此也可以看出，即便是居於參與者位置，其圓面積不一定小於 IQM、IonQ 等位置靠前的業者。

除了 IDC 外，也有其他調查研究機構有其市場業者的衡量方式，如 Gartner 的魔力象限（Magic Quadrant）或 Forrester Research 的 Forrester Wave 等，但不一定有衡量量子電腦市場。

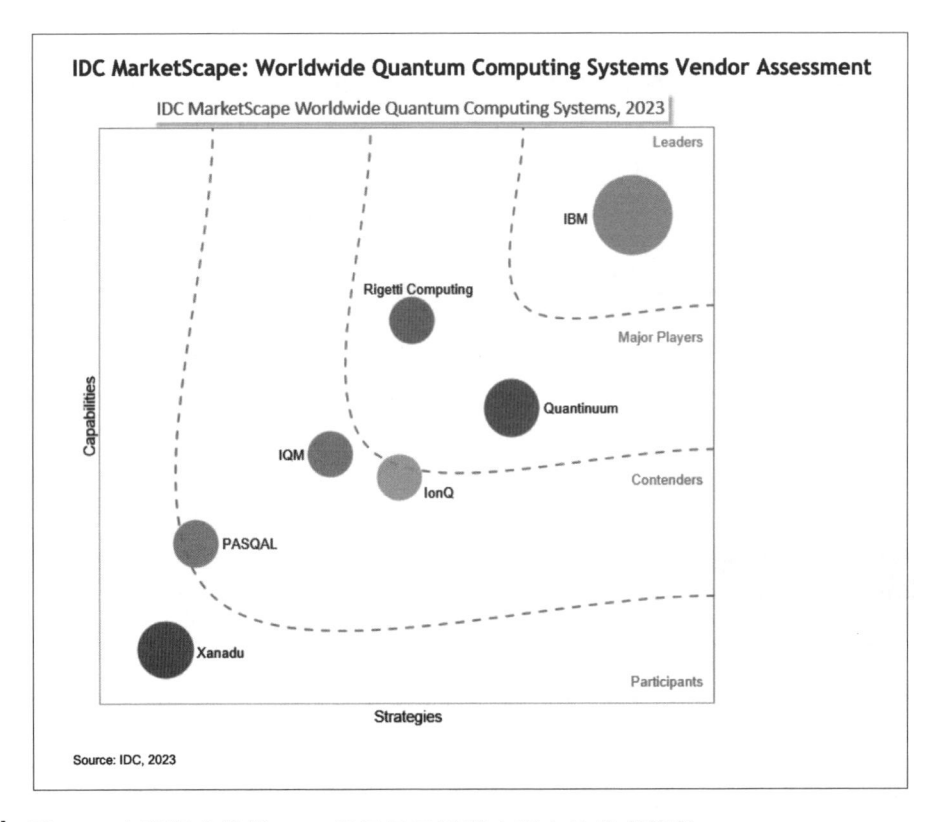

圖 78：市場調查機構 IDC 衡量量子電腦市場中的業者態勢
圖片來源：IDC

量子控制軟體市場

量子控制軟體市場也被認為是高度潛力的市場，根據 market.us 在 2025 年 4 月於英領（LinkedIn）上揭露的調查數據，2024 年全球量子控制軟體的市場約為 9.4 億美元，但預估到了 2023 年會有 78.8 億美元，年複合成長率達 23.7% 之高。

不過，這是指各種量子科技應用的控制軟體市場，並非單指量子電腦的控制軟體市場，market.us 將整體量子控制軟體市場再細分出量子運算、量子通訊、量子感測、量子加密以及其他等五種市場區段（Segment）。

即便如此，量子電腦（即量子運算）的控制軟體依然是最大的區段，推估會佔到約 38.9% 之高。另外，量子控制軟體的初期市場也來自於大企業等客戶，推測會佔至 74.5%，其他相關市場特性包含將以金融業（包含銀行、財務服務與保險等，即 Banking, Financial Services and Insurance，簡稱 BFSI）為主要受用產業，達 32.7%；地區市場方面則以北美地區為最大，約達 40.6%。

市場特性分析

量子控制軟體以大企業客戶為主自是合理，畢竟初期只有大企業有預算購置數十萬美元之譜的量子電腦，而以金融業為主同樣以預算寬裕度有關，即便對化學產業、生醫產業而言量子電腦的新材料、新藥物探索應用有更高的發揮價值，但金融領域的投資組合計算、金融商品訂價等也有極大幫助。

至於以北美為主要軟體市場,事實上高階企業軟體經常有一半在北美市場,故預測約四成在北美也相當合理。

Quantum Control Software Market
Size, By Application, 2025-2034 (USD Million)

Year	Value
2024	940.0
2025	1,162.8
2026	1,438.4
2027	1,779.2
2028	2,200.9
2029	2,722.6
2030	3,367.8
2031	4,166.0
2032	5,153.3
2033	6,374.6
2034	7,885.4

Categories: Quantum Computing, Quantum Communication, Quantum Sensing, Quantum Cryptography, Others

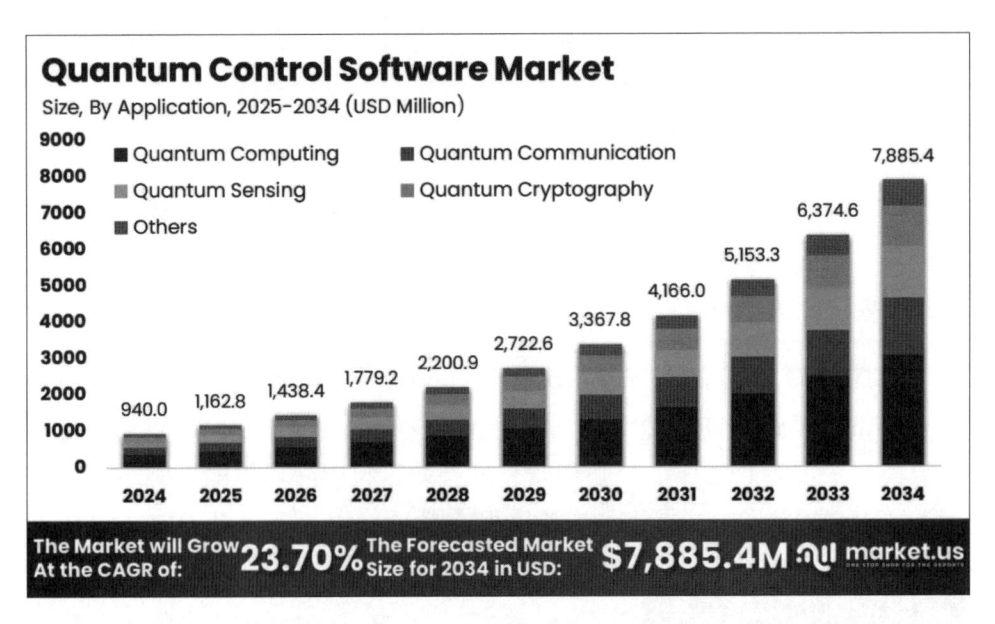

The Market will Grow At the CAGR of: 23.70%
The Forecasted Market Size for 2034 in USD: $7,885.4M
market.us

圖 79:market.us 預測全球量子控制軟體市場 2025 年至 2035 年的複合成長率為 23.7%,並在 2034 年達到 78 億美元的規模。

圖片來源:market.us

前景展望佳的量子運算即服務（QCaaS）市場

現階段使用量子電腦有諸多限制，一是價格昂貴，動輒數十萬美元一部；二是外型尺寸獨特，一般企業的資訊機房不一定可以放置，甚至是笨重，不能確定一般樓層地板承重可以承受；三是某些技術（詳見第一章）實現的量子電腦需要極低溫、低溫等環境，電力也會是個考驗。

再者，企業一起頭尚在評估階段，或尚在開發適合自己企業的量子應用程式，只需要短暫試行量子電腦，或只需要模擬（Simulate）執行，如此實無必要購置量子電腦。

因此，量子電腦的先行市場可能是量子運算即服務（Quantum Computing as a Service, QCaaS）市場，意即由公有雲服務商購置量子電腦（或與量子電腦商合作），服務商有良善的資料中心可以配合裝設量子電腦，並以遠端存取方式提供量子運算租賃服務。

高雙位數的年成長率

不同的市場調查研究機構因界定的差異，對 QCaaS 市場總額有不同的看法，但在成長率上均表達樂觀看法，2021 年 Quantum Insider 估算 2025 年全球 QCaaS 市場達 40 億美元，並預估在 2030 年達 260 億美元。

2025 年 The Business Research Company 調查 2024 年約 30 億美元，2025 年推測有 44.8 億美元，到 2029 將有 221.3 億美元，年複合成長率（Compound Annual Growth Rate, CAGR）達 49.1%，非常可觀的成長性。

目前與 QCaaS 最有關的業者莫過於 AWS（NASDAQ: AMZN）、Microsoft Azure（NASDAQ: MSFT）等，其他量子電腦業者官方提供的雲端服務也可關注。

2025年全球量子運算即服務（QCaaS）市場

年份	市場規模
2024	30億美元
2025	44.8億美元
2029	221.3億美元

年複合成長率49.1%

市場規模（單位：10億美元）

圖片來源：The Business Research Company

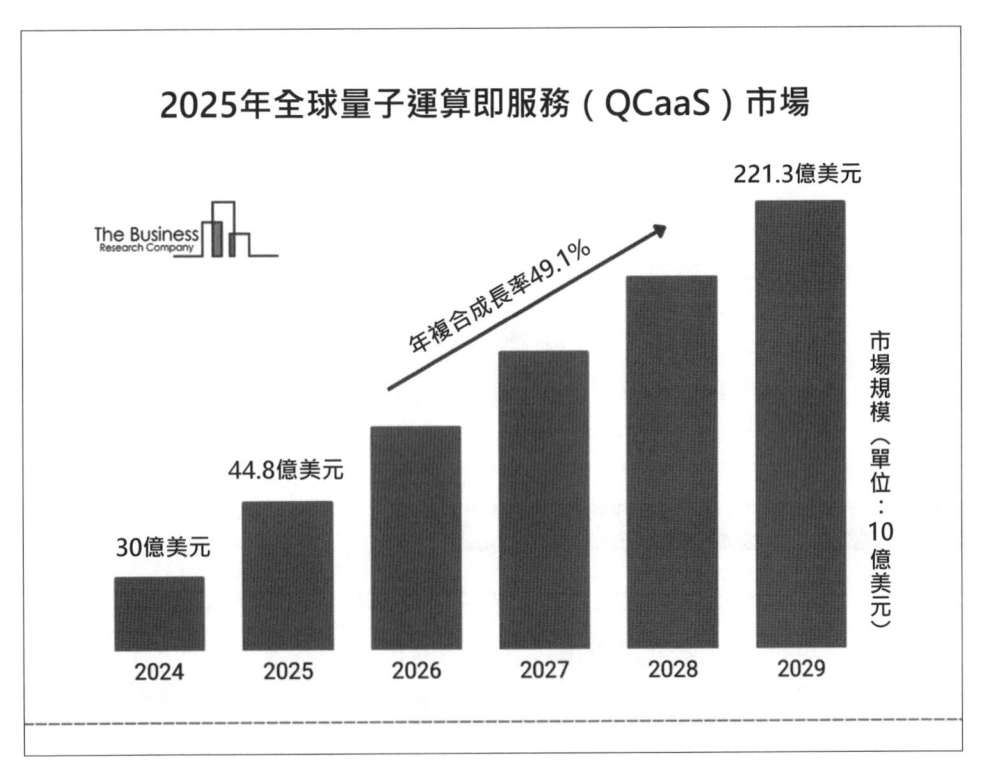

圖 80：市場調查研究機構 The Business Research Company 針對量子運算即服務（QCaaS）市場作出預測

全球量子資安市場預測

前述的章節已提過，量子通訊、量子資安等市場，有可能比量子運算更快成熟到來，故其市場預測也不容忽視。同樣以各家市場調查機構的公開揭露為初步研判依據，2024 年 10 月 Markets and Markets 預估，全球量子資安市場將在 2024 年至 2030 年間有 36.8% 的年複合成長率，並在 2030 年達到 75.94 億美元的規模。

而 Fortune Business Insight 的 2025 年 4 月預測則是在 2024 至 2032 年間有 28.8% 的年複合成長，並在 2032 年達到 16.17 億美元左右；至於 Grand View Research 則認為 2023 年全球量子資安市場約在 1.61 億美元，但 2024 至 2030 年間將有 38.3% 的年複合成長。

另外 Quantum Insider 與全球量子運算時的預測相同，給出了大膽但概略的預測，認為全球量子資安市場將在 2024 年至 2030 年間有 50% 的年複合成長，2030 年將有 100 億美元的規模。

同樣的強勁成長、不同的市場規模

若與此前的全球量運算市場相比較，可以發現相同調查機構都給出「量子資安市場規模小於量子運算市場規模」的預測，但是市場的成長力道卻給出相近的態度，均是強勁的雙位數以上成長，甚可說成長力道更勝量子運算市場。

值得注意的是，各家對量子資安市場的邊界定義一樣有差異，有的機構單純計算 QKD、PQC、QRNG 等相關硬體（晶片、介面卡、設備）的產值，有些則將相關軟體與服務也計入。

全球量子密碼市場

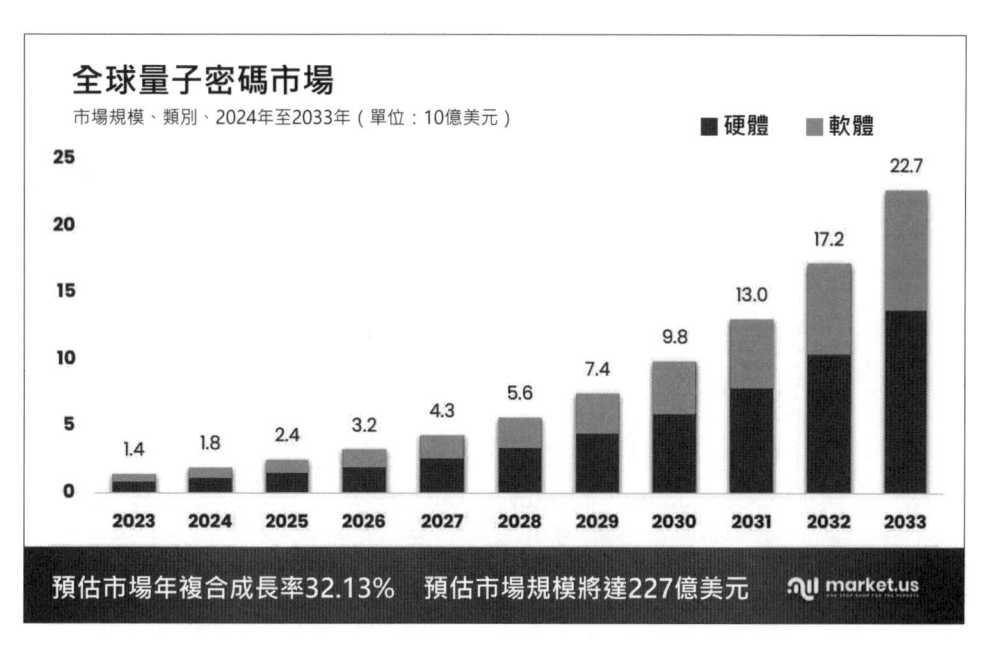

市場規模、類別、2024年至2033年（單位：10億美元）

年份	總計
2023	1.4
2024	1.8
2025	2.4
2026	3.2
2027	4.3
2028	5.6
2029	7.4
2030	9.8
2031	13.0
2032	17.2
2033	22.7

預估市場年複合成長率32.13%　預估市場規模將達227億美元

圖例：■ 硬體　■ 軟體

圖 81：市場調查研究機構 market.us 也對量子資安領域作出預測，以量子密碼學市場而言，預估在 2024 年至 2033 年間有 32.13% 的年複合成長率，最終市場規模將來到 227 億美元。

圖片來源：market.us

量子運算跨足量子通訊、資安、感測

　　量子電腦產業、供應鏈不僅現階段為高垂直整合性，甚至與量子通訊、資安、感測間的邊界也是模糊的，即有些量子電腦商只專注在研發、銷售與協助客戶導入量子電腦，但也有些量子電腦商在後續的發展中選擇跨足量子通訊、資安、感測領域。

　　例如此前提及的美國量子電腦商 IonQ 便購併瑞士 ID Quantique 而增強量子通訊領域的業務，此後更進一步購併衛星影像公司 Capella Space，期望將量子通訊、量子資安運用到衛星領域。

　　又如美國量子電腦商 Quantinuum 既有量子電腦也投入量子資安技術發展，因而有名為 Quantum Origin 的 QRNG 方案；或美國量子電腦商 Infleqtion 既有量子電腦業務也有量子感測業務，即原子鐘、慣性感測等；或美國量子電腦商 QCi 也有名為 uQRNG 的 QRNG 方案或量子感測方案。

部份也包含軟體業務

　　不僅與量子通訊、資安、感測間的邊界模糊，甚至量子電腦商也提供若干軟體方案，如 Quantinuum 有可加速量子化學計算的軟體 InQuanto（Microsoft 也有提供 Azure Quantum Elements 以利量子化學計算）。

　　若以產業分析工具安索夫矩陣（Ansoff matrix）來檢視，則有量子電腦商開始採取「相同客群但延伸發展產品服務」的路線邁進，畢竟願意評估採行量子電腦之類的極前端技術的企業客戶，通常也會對其他極前端技術（量子通訊、資安）有興趣。

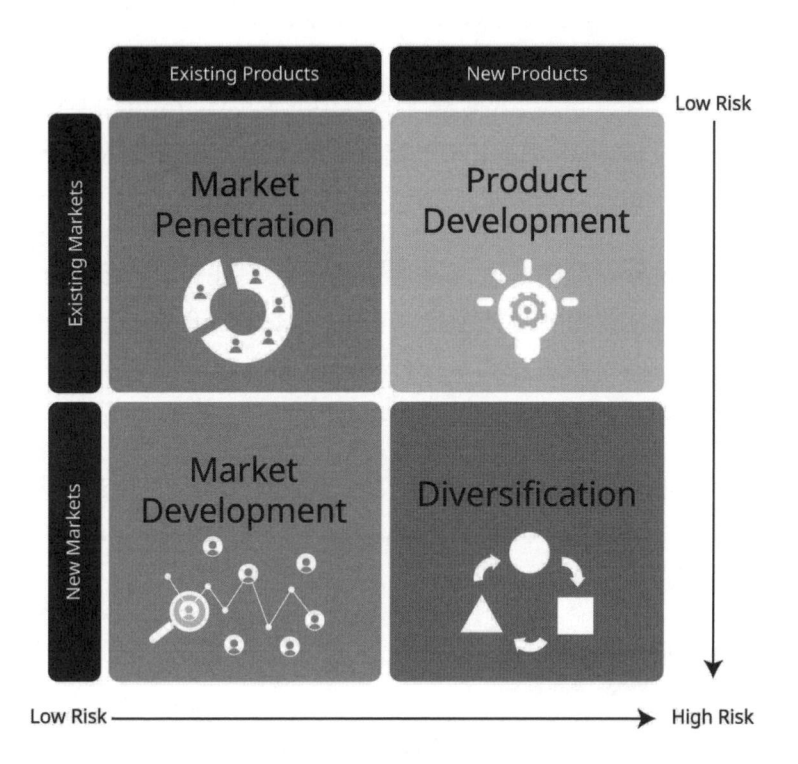

圖 82：以安索夫矩陣檢視，有部份量子電腦商以既有市場（客戶）為基礎來發展新產品的趨向，即從市場滲透走向產品開發。

圖片來源：Zorgle

83 Chap. 7

三大公有雲商在量子領域具可觀潛能

所謂三大公有雲商即 Amazon 旗下的 AWS、Microsoft 的 Azure，以及 Alphabet 旗下的 Google Cloud。乍聽之下公有雲服務商僅是量子電腦領域的下游輔助銷售角色，但其實其發展不容小覷，主要原因如下。

首先是 Amazon 具有龐大車隊與物流系統，且自己研發量子電腦，量子電腦的運用對其營運有直接益處；其次，Microsoft 選擇最艱難的量子電腦實現路線，即拓樸量子技術，雖然多年未果，但因其理論具有高度擴展潛力，一旦突破將難以限量。

其三，Alphabet/Google 主要營收來自搜尋引擎的廣告撮合，而量子電腦一旦量子位元數夠多，搭配上 Grover 演算法，其搜尋效率將大大提升，有助於其核心業務的強化。

全球性的雲端服務通路

更重要的一點，即便三大廠的自有量子電腦技術均未能突破，維持現階段引進協力業者的量子電腦來提供租賃服務，其也擁有比任一量子電腦商更佳的客戶接觸通路與服務通路（已經在世界多數地方設立資料中心）。

更遑論，倘若技術有所突破，Amazon、Google 的本務（電子商務物流、搜尋引擎）不僅可再提升，也可用既有全球雲端服務通路提供量子電腦租賃服務，如此形同企業內部營運、外部業務均獲得新效益。

當然，倘若真有突破發展，現行量子電腦新創商將感受到威脅，與雲端大廠間是否保持現行合作也將是未知數。

用於加速搜尋

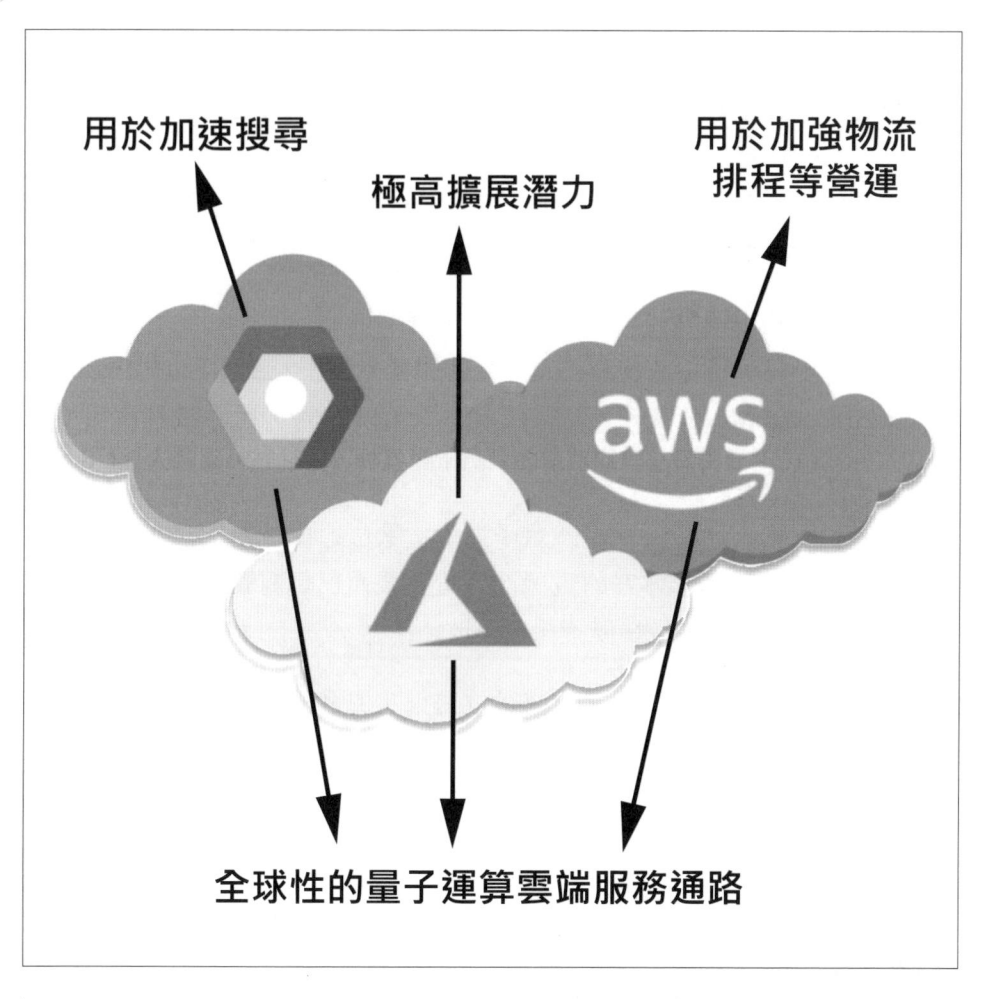

極高擴展潛力

用於加強物流排程等營運

全球性的量子運算雲端服務通路

圖 83：全球三大公有雲服務商在量子運算領域處於進可攻退可守的有利位置
圖示來源：各業者

退火、混合量子經典市場先行

不同的投資者對投資報酬回收時間有不同的設定，如短期、中期、長期等，對此就必須選擇不同的量子技術路線業者。

如果期望追求長期回報，則應該投資選擇通用邏輯閘技術路線的量子電腦商，甚至是將目標放在實現具完全容錯能力量子電腦（Fault Tolerance Quantum Computer, FTQC）的電腦商，技術挑戰大、歷時長且風險變數大。

若是追求中期回報，則建議量子退火、數位退火技術的量子電腦商，以及混合經典量子運算方案的電腦商，這些技術已具有務實運用性，企業客戶的接受度也較高，較快能獲得業務收益。

至於短期性則較難收益，或將數位退火、混合經典量子等視為較可能的短期收益，特別是採行 GPU、FPGA 方案的數位退火、混合經典量子方案，由於硬體技術投入的成本相對低，回本收益也較容易，而 ASIC 方案投入較大，除非是借用現成其他用途的 ASIC（如日本 NEC 直接取用既有的向量處理器），否則回收將較緩慢。

七類實現技術也有進展高低

進一步的，雖然有七種技術可以實現量子電腦，但有幾種是進度較超前的，即擁有較高的量子位元數，例如超導迴路、離子阱、中性原子等，另四種技術則需要更多心力與時間。

故即便是選擇長期性的業者投資，也可將進度較超前的三種技術視為較快有市場斬獲、契機的優先評估項。

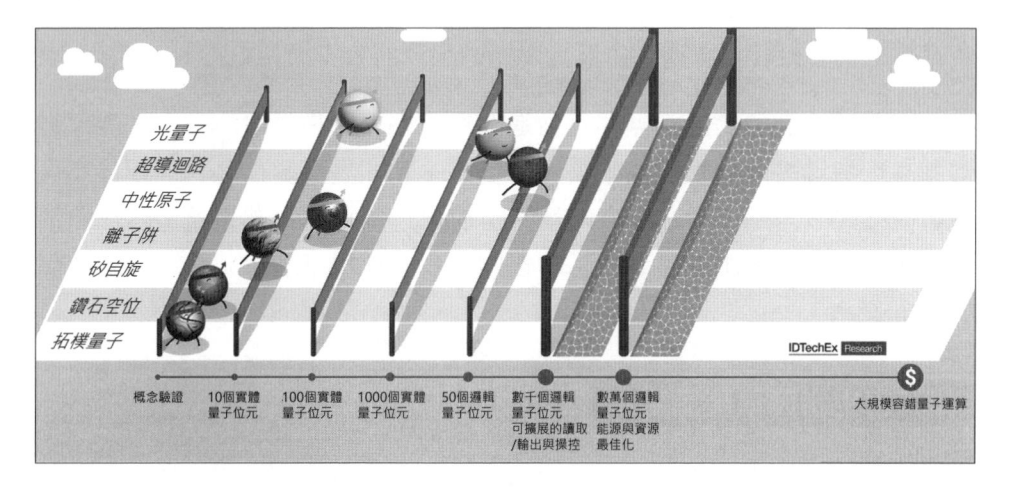

圖 84：七種量子電腦實現技術的進度
圖片來源：IDTechEx Research

Chap. 7

85 從量子產品展望評估投資前景

產品展望（Roadmap，或稱展望圖）在科技業界相當常見，即針對現行或潛在的主要客戶、主要合作夥伴或投資者們，揭露未來三年甚至五年的產品規劃，內容包含會有哪些產品功能？哪些技術突破等？展望圖通常在業界主要的科技盛會或業者自己舉辦的年度盛會中有所透露。

業者透露展望的用意無非是增進客戶、夥伴、投資者的信心，展望通常為高度指定對象的揭露或半公開的揭露，除非是極具信心其展望能壓倒多數競爭者，否則不會高調公開揭露，而揭露的用意自然是希望各界對該公司有信心，持續跟隨該業者，不會跑去找其他競爭對手，是一種關係經營手法。

投資者也當評估產品展望

由於量子電腦的成熟仍需要時日，很多投資者可能不耐而撤資，故量子電腦商也會對主要投資者揭露後續展望規劃，主要投資者可以同時比較不同量子電腦商的後續規劃，以決定是否持續投資。

舉例而言，A 電腦商目前僅 22 個量子位元，預計三年內達到 45 個位元，而 B 電腦商目前僅 19 個位元，但預計三年內達到 80 個位元，如此可能 B 商的後續前景較佳，以此為投資參考。

不過，展望規劃畢竟是「畫大餅」，有可能無法兌現，對成熟大廠而言展望規劃通常不敢跳票，畢竟有損信譽，但對量子新創而言由於有諸多不確定性因素，特別是物理性突破的挑戰等，故其展望應格外謹慎看待。

	2022	2023	2024	2025	2026	2027	2028	2030	2031	2033+
			基礎		量子實用			量子先進		
推演	系統基準雜訊特性		中型分子推演		電池最佳化、碳捕捉等量子材料推演			催化劑、肥料設計		
最佳化		概念驗證：發電廠維護排程			中型問題：業務員旅行問題、圖色問題			先進物流與路由		全球供應鏈運輸
QML		概念驗證：化學反應行為預測			異常偵測、量子資料編碼、藥物探索			訓練用的生物資料產生		
軟體平台	單獨演算法執行	鬆散HPC整合 脈衝層次存取	HPC整合指引 開放架構與程式框架給開發者與夥伴	緊密HPC整合			QLDPC即時編碼			
處理器佈局										
			NISQ			QEC實證		容錯		
效能	99.8%	99.8%	99.9%	99.92%	99.94%	10^{-4}	10^{-4}	10^{-6}	10^{-8}	10^{-8}
			兩量子位元閘保真				邏輯錯誤率			
量子位元數 結晶拓樸	5	20	54	150	300	1k	5k	40k	100k	1M
星狀拓樸			6	24	46	150				
邏輯量子位元	1至2個邏輯量子位元的測試床					4-36	60-180	240-720	600-1800	2400-7200

圖 85：芬蘭量子電腦商 IQM 提出的產品展望
圖片來源：IQM，作者翻譯

Chap. 7　量子電腦產業與市場分析　　194 — 195

86　Chap. 7

從關鍵客戶、關鍵合作評估營運支撐性

　　由於量子電腦商多數未具有上軌道的銷售業務，每部量子電腦的銷售幾乎都是專案型態導入而非標準化商品出貨，而後續技術突破也充滿未知數，以及未掛牌上市等，故投資者無法取得財務報表檢視其收益能力，而技術突破可能性也不能盡信量子電腦商自身提出的產品展望規劃。

　　在如此低能見度下，如何評估量子電腦商是否有前景？甚至更嚴酷地說，是否有支撐到業務明顯展露的一天？對此，現階段只能從其他非具體量化數字外的其他資訊來研判。

檢視主要客戶與合作關係

　　量子電腦商的主顧中若有承接到空中巴士（Airbus）、通用電氣（GE）、高盛（Goldman Sachs）等全球知名企業，則其業務可能較有支撐性，同時後續在開拓新業務時也較具說服力。

　　要注意的是，由於量子運算應用各方都在摸索期，包含量子電腦商自身也是，故有時會與重量級企業間為「合作」關係，即雙方對外宣稱的新聞稿中會以「合作」一詞表達，但其實依然帶有買賣關係在其中，此類型的合作也當視為業者、客戶關係。

　　另外若有與學研單位的合作也將是檢視重點，量子電腦產業現階段非常倚賴學術研究領域的密切合作，能與量子物理研究的指標性大學合作，意味著有較深厚的研發能量，後續技術突破的可能性也較高。

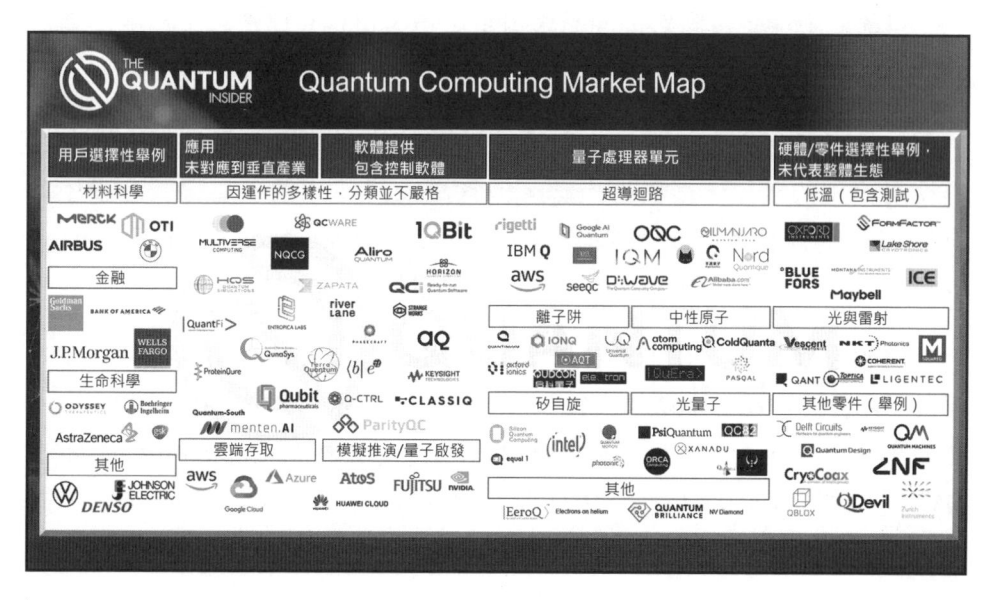

圖86：量子技術業者須在整體生態系中加強合作聯盟並擁有關鍵客戶，獲取存續資本。

圖片來源：Quantum Insider

謹慎態度檢視量子新創借殼上市

目前多數量子電腦新創商尚未掛牌上市，但也有已掛牌上市的業者，如 D-Wave、IonQ、Rigetti、QCI 等，均在 NYSE 或 NASDAQ 掛牌。

一般直覺而言，掛牌上市似乎意味著該業者營運成績良好，通過證券交易單位的審核，從而能掛牌，但實際上目前的量子電腦概念股中，有許多是透過特殊目的收購公司（Special Purpose Acquisition Company, SPAC）方式而能掛牌，有時被人俗稱為「借殼上市」。

例如 IonQ 是在 2021 年透過 dMY Technology Group III 而能在 NYSE 掛牌；Rigetti 則是在 2022 年透過 Supernova Partners Acquisition Company II 而能在 NASDAQ 掛牌；同年 D-Wave 透過 DPCM Capital Inc. 而能在 NYSE 掛牌；另外 QCI 是在 2021 年透過反向購併（Reverse Merger）方式實現。

掛牌後表現不如預期

掛牌並不意味著業務就此順利開展，事實上量子新創商依然虧損，股價下跌，例如 D-Wave 曾達 11.04 美元，卻在 2023 年 4 月曾跌到 0.46 美元（長時間低於 1 美元，面臨下市危機）；IonQ 掛牌之初曾達 28.01 美元，但也在 2022 年底到 3.30 美元的低股。

類似的，QCi 最高曾到 430.00 美元，但此後至 2025 年 5 月幾乎都在 20 美元以下；IonQ 在 2025 年 1 月達到 47.44 美元的新高，但過往最高 28.01 美元，此後很長一段時間都在 20 美元以下，甚至低於 10 美元。

更重要的，除了股價仍在上下起伏而未有穩健成長外，實際檢視其財務報表也仍在虧損狀態。因此即便是掛牌的量子電腦股，也應抱持謹慎投資態度。

圖 87：SPAC 程序圖

圖片來源：CBINSIGHTS，作者翻譯

台灣量子國家隊

　　台灣量子國家隊是在 2022 年成軍的，或可視為台灣量子電腦概念股的某種指標，裡頭包含產業、學術、研究三領域，涵蓋通用量子電腦硬體技術、光量子技術、量子軟體技術與應用開發等三面向。

　　學術如政治大學、台灣大學等 9 間大學，研究則有中央研究院、半導體中心、高速電腦中心等，至於投資重點則落在產業界，產業界針對前述三領域分別有（含部份外商或外商分公司）：

　　通用量子電腦硬體技術：稜研科技、圓陵工業、易儀科技、台灣羅德史瓦茲、鴻海科技、台灣新思、致茂電子（TSE: 2360）、日月光投控（TSE: 3711）、閎康科技（TSE: 3587）、聯發科技（TSE: 2454）、量源光電、南方科技等。

　　光量子技術：量源光電、龍彩科技、一元素科技（TSE: 6842）、中華電信（TSE: 2412）、鴻海科技（TSE: 2317）、聯亞光電（TSE: 3081）、極星光電、祥茂光電、OptiLab。

　　量子軟體技術與應用開發：鴻海科技、金融研訓總院、台灣富士通、大江生醫

國家研究計畫為起始動能

　　台灣量子國家隊有行政院科技會報辦公室以 17 項計畫支持其研究發展，其中通用量子電腦硬體 7 項計畫、光量子技術 4 項、量子軟體技術與應用為 6 項。期許能自製量子電腦、自製量子通訊網路，以及與量子科技相關的關鍵組件，如參數放大器、低溫電路等。

主項	次項	內容
目標		o 建構台灣自製量子電腦 o 建構台灣自製量子通訊網路系統
領域		o 通用量子電腦硬體技術，7項計畫 o 光量子技術，4項計畫 o 量子軟體技術與應用開發，6項計畫
學研參與	學術	政治大學、台灣大學、清華大學、陽明交通大學、中央大學、中興大學、彰化師範大學、成功大學、中山大學、淡江大學
	研究	半導體中心、高速電腦中心
產業參與	通用量子電腦硬體技術	稜研科技、圓陵科技、易儀科技、台灣羅德史瓦茲、鴻海科技、台灣新思、致茂電子、日月光投控、閎康科技、聯發科技、量源光電、南方科技
	光量子技術	量源光電、龍彩科技、一元素科技、中華電信、鴻海科技、聯亞光電、極星光電、祥茂光電、OptiLab
	量子軟體技術與應用開發	鴻海科技、金融研訓總院、台灣富士通、大江生醫

表88：台灣量子國家隊主要內容表

資料來源：行政院科技會報辦公室量子系統推動小組，作者整理

量子國家隊業務屬性分析

進一步檢視國家隊的成員企業，其中有些屬於外商，例如台灣羅德史瓦茲、台灣新思、台灣富士通、OptiLab（美國）、祥茂光電（美國）等，而有些屬於期望導入量子運算應用，如金融研訓總院、大江生醫等。

撇除上述外，多數的成員企業是以硬體組件業務與量子電腦產業相關，例如稜研科技本身專長於毫米波技術，後續有可能將相關微波技術運用於量子電腦的操控上。

或者圓陵工業在於與無線射頻（Radio Frequency, RF）相關的連接器產製上；易儀科技與致茂電子（TSE: 2360）則在於量測儀器與技術上，即未來有可能涉入量子電腦操作之後的量測部份技術；閎康科技（TSE: 3587）也在於電子相關的測試分析。

以量子相關光學、量子通訊為多

聯發科技（TSE: 2454）研究量子技術可能與 5G、AI、IoT 的結合，不算是量子電腦領域，可能與量子通訊相關；日月光投控（TSE: 3711）也以矽光整合封裝的量子通訊較有關；中華電信（TSE: 2412）也以其研究院與量子通訊、量子資安有關。

量源光電從其名稱也可得知與量子相關，其主要是研發量子光學實驗相關設備；南方科技同樣專長於光學領域；龍彩科技同樣是光學、雷射等；極星光電則為積體光學迴路；一元素科技（TSE: 6842）則為晶片設計驗證等業務；聯亞光電則與化合物半導體磊晶相關。

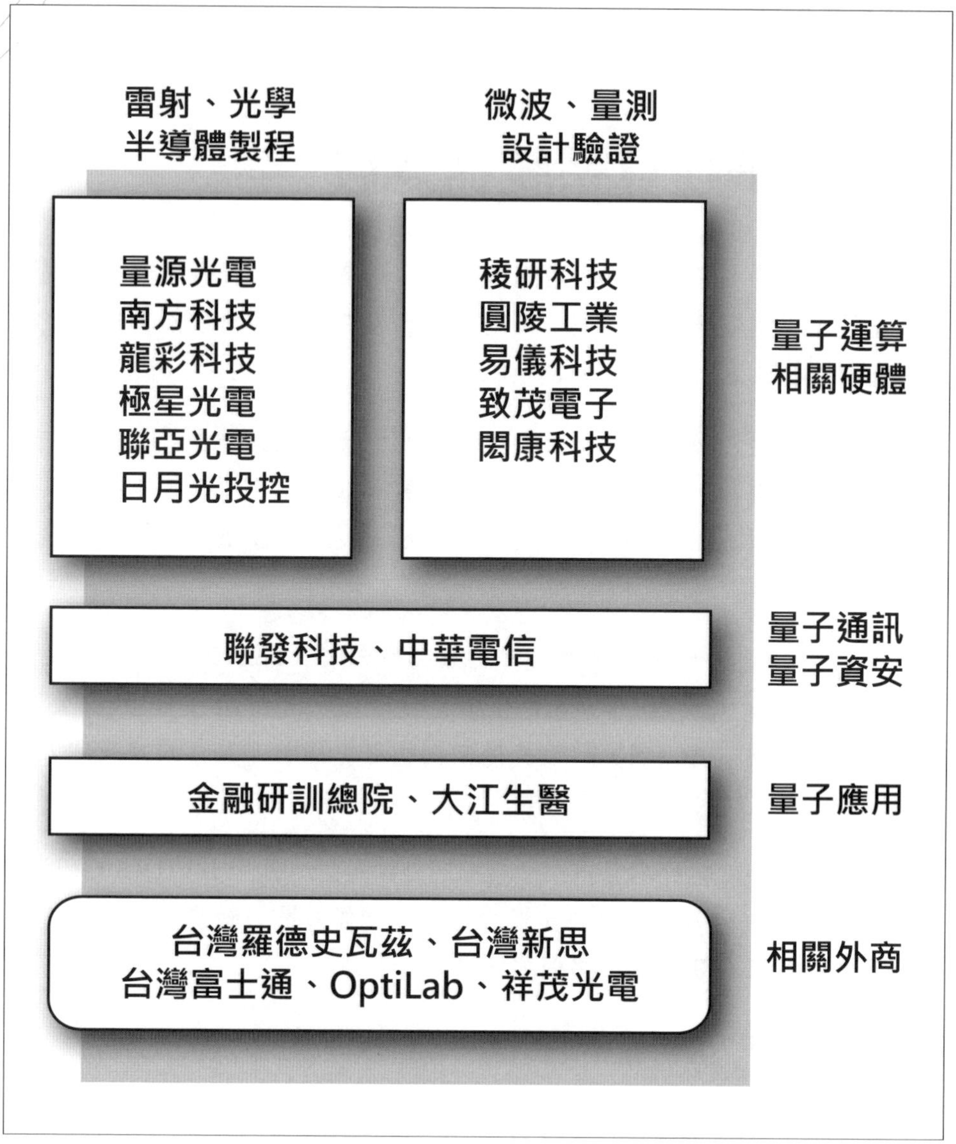

雷射、光學 半導體製程	微波、量測 設計驗證	
量源光電 南方科技 龍彩科技 極星光電 聯亞光電 日月光投控	稜研科技 圓陵工業 易儀科技 致茂電子 閎康科技	量子運算 相關硬體
聯發科技、中華電信		量子通訊 量子資安
金融研訓總院、大江生醫		量子應用
台灣羅德史瓦茲、台灣新思 台灣富士通、OptiLab、祥茂光電		相關外商

圖 89：台灣量子國家隊業務屬性分析

圖片來源：作者提供

台灣量子運算系統概念股

從國家隊的業務檢視分析可以看出，多數業者是以現行業務為基礎而擴展延伸，以此參與量子領域，且是以內部組件、設備及技術為主，少數是一起頭便著眼量子領域的，如量源光電。

僅有極少是以量子電腦系統為主，如鴻海研究院以離子阱技術為主期望開發出量子電腦，廣達電腦則是有投資美國 Rigetti（預計 5 年內對其總投入 1 億美元以上），Rigetti 以超導迴路技術為主，後續有可能共同合作開發量子電腦系統或系統內的硬體組件。

至於另一個電子組裝製造代工大廠仁寶電腦（TSE: 2324）也開始跨入量子電腦領域，於 2025 年 5 月宣佈其量子啟發運算服務 Compal GPU Annealer 獲得國科會（國家科學及技術委員會）補助，並有國立成功大學執行的數位退火研發推動計畫採用。

仁寶電腦採行與日本資訊大廠類似的技術路線，並以 NVIDIA GPU 為主的發展，因此技術含量主要在軟體上，並非額外開發新晶片，也不是撰寫偏低階硬體層的 FPGA 電路程式。

更多量子領域的投入

鴻海研究院除了是國內現階段最投入實現實體量子電腦的業者外，也包含投入量子通訊、量子感測、量子模擬、量子演算法等領域，其量子電路的研究已獲得專業刊物 Nature Communications 接受並發表，另也提出全新量子參數適應（Quantum Parameter Adaptation, QPA）方法等，相關發展值得期待。

撰寫開發軟體 → 經典電腦系統搭配加速硬體

研製供應零部件 → 量子電腦系統

研發銷售 → 量子電腦系統

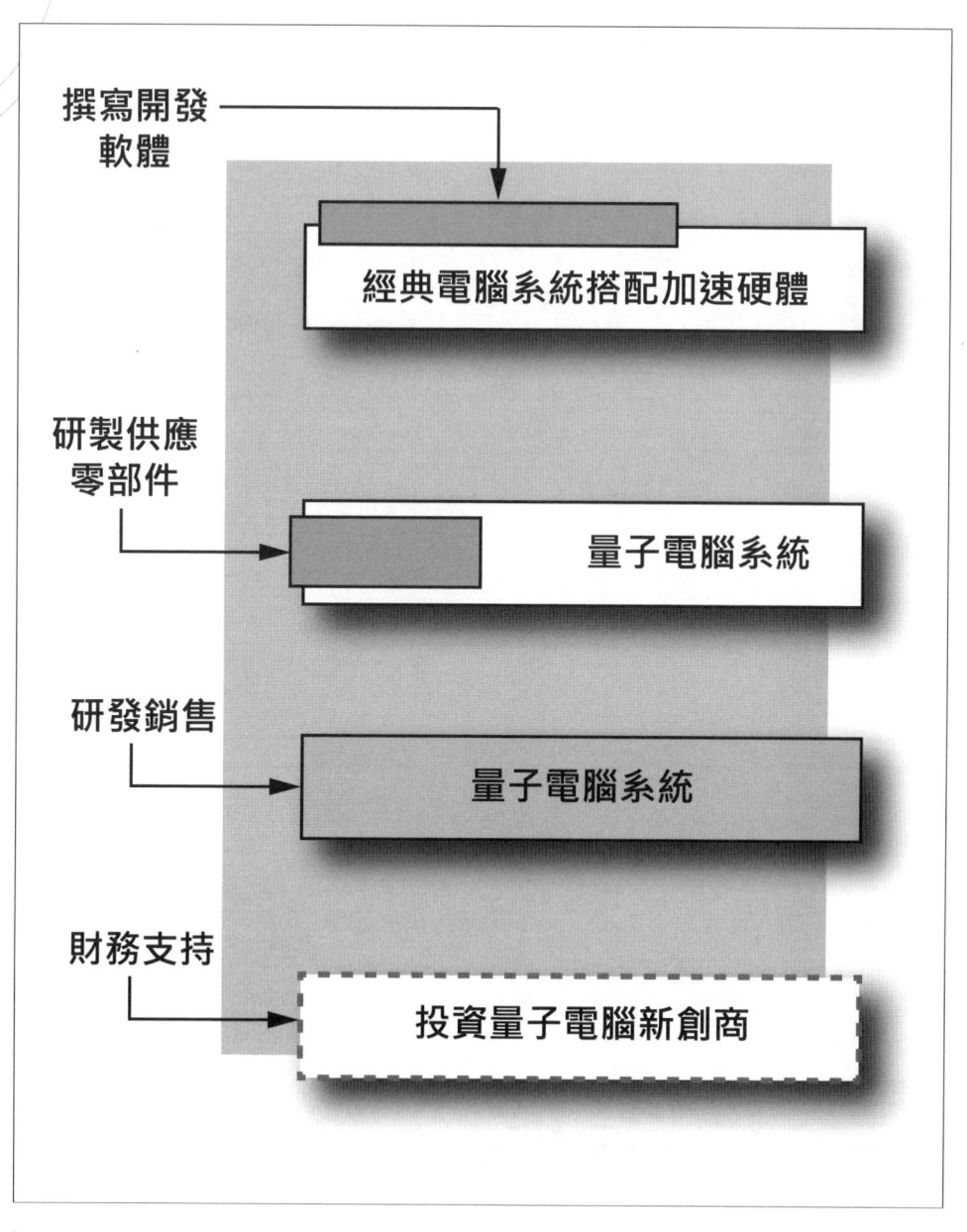

財務支持 → 投資量子電腦新創商

圖90：台灣量子運算系統概念股參與方式圖
圖片來源：作者提供

Chap. 8

量子電腦發展變數與隱憂

91 ⟶ 100

量子位元數擴增的挑戰

量子電腦能否進一步擴展應用面，從而擴展其需求市場，極大程度在於量子位元數能否持續擴增提升，這是量子電腦發展最首要、最直接，甚可說是一直以來最大的挑戰。

由於量子態（Quantum State）非常脆弱、不穩定，容易受各種雜訊（Noise）影響，這些雜訊包含外界的振動、溫度波動、電磁場變化等，若不能控制、抑制雜訊則容易終止量子態，此稱為量子退同調／相干（Quantum Decoherence，或譯為去同調／相干）。

一旦出現退相干，量子運算即可能產生錯誤，若錯誤率（Error Rate）過高，且透過偵錯（偵測錯誤）、糾錯（糾正錯誤）機制仍無法回復正確結果，即表示進一步提升量子位元數的挑戰失敗，也表示無法成功開發出更高量子位元數的量子電腦。

高度考驗物理技術能耐

此前我們已說明過多種打造、實現量子處理器的技術手法，但無論是超導迴路、離子阱或其他手法，都高度考驗量子電腦開發商的物理技術能耐，包含其開發團隊對理論物理的理解，也包含物理實證能力、將實證轉化為商業實務化應用的能力等。

事實上此也顯示台灣研發量子電腦的一個弱點，台灣過往在物理領域的著墨相對薄弱，且學子們志願上更傾向有立即收益的電機工程、資訊工程，企業也相同態度，如此將比他國有更大的技術挑戰。

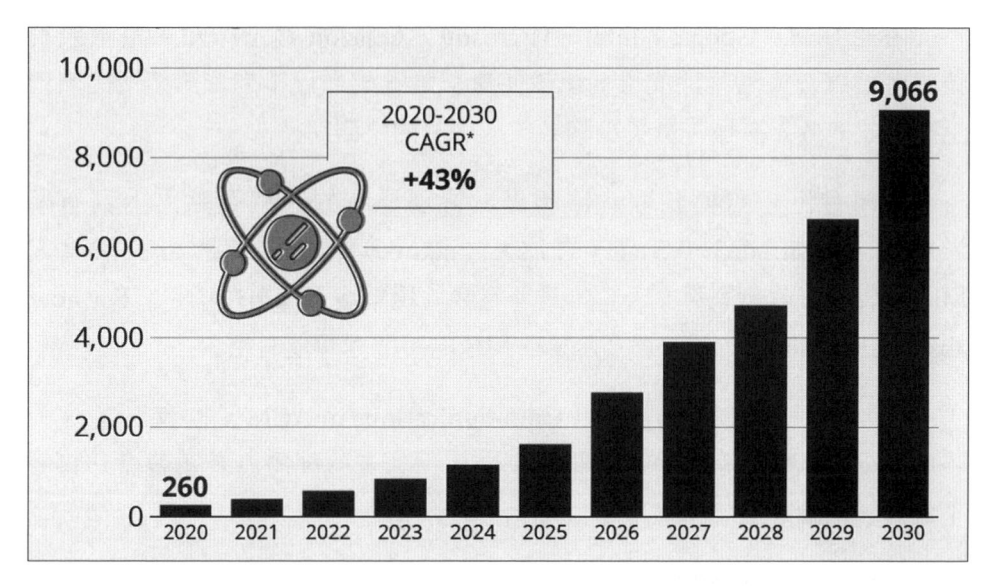

圖 91：調查研究機構 Statista 在其 2021 年 Statista Digital Economy Compass（數位經濟羅盤）中給出 2020 年至 2030 年間量子位元可能以 43% 的年複合成長率提升。

資料來源：Statista

專業質疑論點不可忽視

由於 IBM、Google、Intel、Microsoft、Amazon 等全球知名重量級科技業者相繼發表階段性成果，連帶使量子電腦成為近年來資訊產業的熱門話題，並使各界有種「量子電腦必然成功」的樂觀期待。

但事實上也需要聽取悲觀觀點，特別是有的悲觀觀點人士具有學識份量，例如 2023 年 5 月《自然》（nature）雜誌上英國自由撰稿人 Michael Book 就發表專文，直指量子電腦「現階段全然無用」（"For now, absolutely nothing"），認為還要很長遠的時間才可能有用。

同年 5 月《ACM 通訊》（Communications of ACM）也有三名院士（Fellow）或顧問等級的作者聯合撰文表示：若軟硬體沒有顯著提升將看不到量子電腦的優勢。

學界也有諸多懷疑

除了知名期刊的專文外學界也有質疑聲，例如 1994 年加拿大物理學家 Bill Unruh 也發表論文對量子電腦的實用性表示懷疑，還有以色列數學家與電腦科學家 Gil Kalai 於 2018 年 2 月的《Quanta Magazine》上發文表示量子霸權難以實現，且是從計算複雜性、雜訊等角度來分析問題。

或者俄羅斯物理學家 Mikhail Dyakonov 也持懷疑，2018 年 11 月他在知名的《IEEE Spectrum》發表專文，他認為實用的量子電腦必須達到 10 的 300 次方個可變參數才行，但現實很難定義與控制如此多參數，甚至永遠不可能。

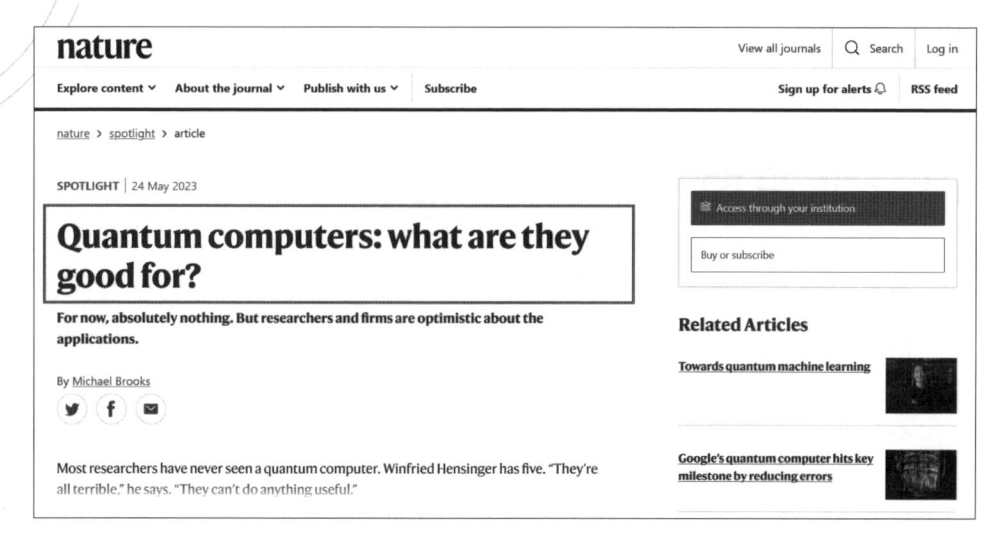

圖 92-1：《nature》專業刊物上質疑量子電腦的專文
圖片來源：nature

圖 92-2：《Quanta Magazine》專業刊物上質疑量子電腦的專文
圖片來源：Quanta Magazine

Chap. 8　量子電腦發展變數與隱憂

現行運算戲劇性效能推升

量子電腦的價值在於特定運算（如材料、醫藥等）上遠快於現行運算，但這也立基於現行運算的效能提升僅能持續依據摩爾定律（Moore's Law）的步調推進，即每 18 至 24 個月提升一倍，就量子運算的角度看待摩爾定律的效能推進速度其實是緩慢的，量子運算仍然有高度運用價值。

事實上摩爾定律已逐漸鈍化，無論是市場或技術均是如此，所謂市場是半導體產業早已難以如過往般「新製程成功後整個產業快速跟進使用新製程」，如今新製程只有高價同時高量的晶片會適用，其餘晶片仍使用成熟製程。

此外製程精進也早「難以單純物理性尺寸縮減」，而是在結構上變通設計（如 FinFET、GAA 等）或若干精進，但在節點技術名稱用更低的數字（如 N2、18A 等）表示，因此量子電腦具有價值。

不排除再次發生戲劇性發展

不過半導體產業的「精縮極限已至」很早即有，但過往至今卻多次突破，如鋁製程到了極限後有了銅製程，平面結構的電晶體到極限後改用鰭狀結構的電晶體等。

過往也曾遭遇過時脈撞牆（clock wall）的技術挑戰，之後也突破，另外業界也嘗試突破功耗撞牆（power wall）等。因此，如果量子電腦的量子位元數持續擴展出現瓶頸，同時傳統半導體技術有戲劇性突破，量子電腦的價值將減少，連帶影響其市場發展。

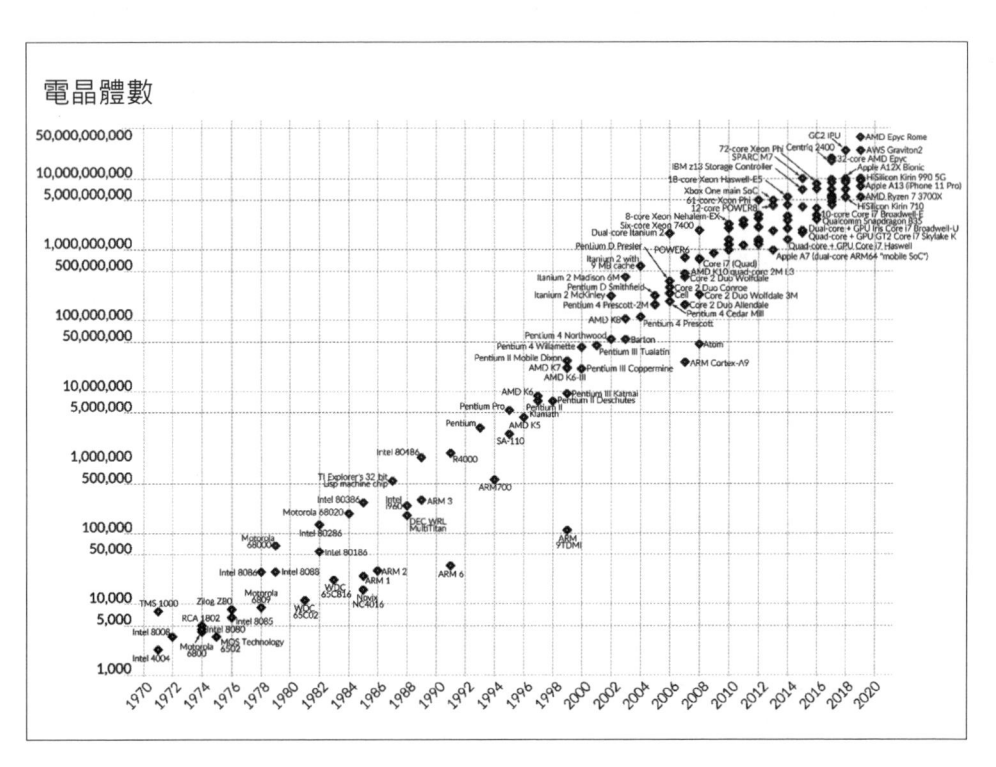

圖 93：摩爾定律示意圖

圖片來源：Max Roser 與 Hannah Ritchie

94 Chap. 8

行銷詞可能誤導真正量子技術產品推展

業者推行的行銷詞、時髦術語（Buzzword）等有可能誤導用戶，讓用戶有不正確的認知或期許，從而讓真正產品與服務無法真確彰顯價值，致使用戶失望或觀望，這些社會性心理也會影響量子電腦的發展。

即便量子電腦的先期用戶，必然是較為先期的研發者（如材料開發、藥物開發等）、營運者（如物流排程、製程規劃等），理論上高度理性客觀，也依然可能受到影響。

此外，即便除去非常誇張的「量子波動速讀」，正規業者亦同樣可能以「量子」之名期許新品更速推廣，例如數年前平面液晶顯示器（Liquid-Crystal Display, LCD）領域推行所謂的量子點（Quantum Dot, QD）技術，此詞即被人認為有誤導性，容易讓人誤以為是另一種更革新的顯示器技術QDEL（Quantum Dot electroluminescent）。

人工智慧已出現過度期許

用戶即便不是個人或家戶而是企業或組織依然會對科技方案有過度期許，生成式人工智慧（Generative Artificial Intelligence, GenAI）即是明顯的近例，企業主認為其生成的文案、圖像已是高完成度，立即可用或只需些許調整即可用，未更深入評估便決議導入，甚至因此精簡相關人力，最後未達預期效果，徒費一場。

這也是資訊領域常以解決方案（Solution）一詞推行產品，過往有太多不成熟、低完成度的產品嚇到客戶，只好以解決方案一詞重新上陣，甚至要用上整體解決方案（Total Solution）一詞，以便與過往不完整的產品有所區隔。

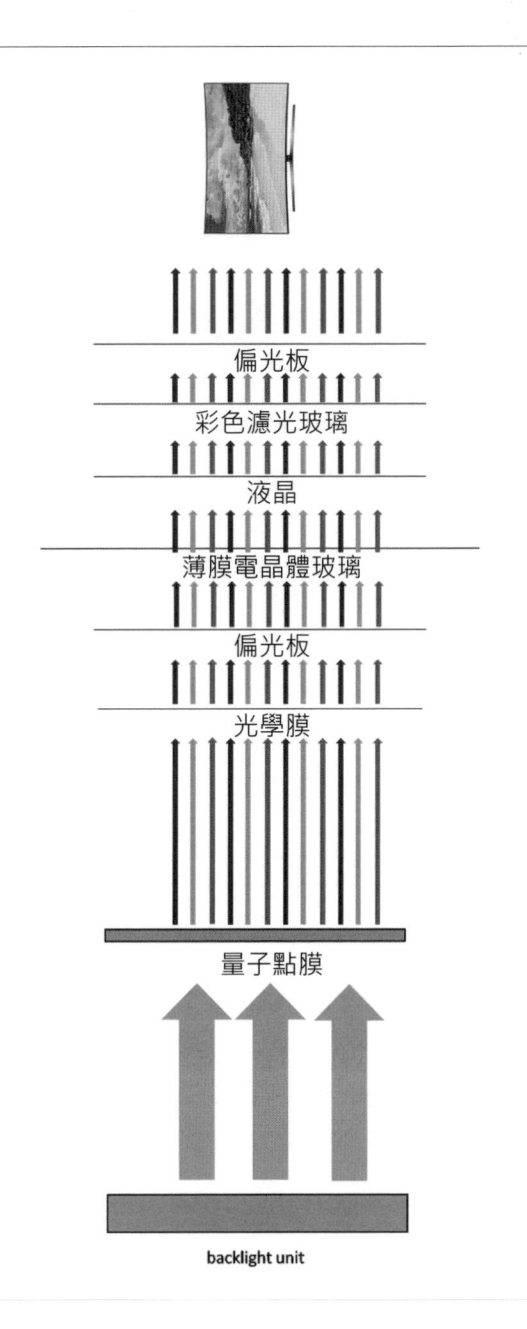

圖94：僅是在背光（Backlight）前加插一張量子點增強膜（Quantum Dot enhancement Film, QDEF）的量子點顯示器，容易被誤會成另一種更革新的 QDEL 顯示器。

圖片來源：Edison Investment Research，作者翻譯

演算法豐富度也影響應用潛力

　　量子電腦之所以各界積極將其實現，很大程度是在理論研究領域中，量子電腦相關的演算法已提前實現，如 Shor 演算法、Grover 演算法，這些演算法需要足夠量的量子位元才能讓演算法實務運用，一旦大量量子位元的量子電腦出現，搭配已存在的演算法，就可以極快速破解密碼、極快速搜尋內容。

　　但是量子演算法的擴展、精進也是可遇不可求，現階段的演算法不夠豐富，導致量子電腦的應用範疇也受限，連帶其適用的產業、應用情境等也受限（此前第二章），關於此只能等待物理、數學、電腦科學領域的學者、研究人員持續努力。

跨越鴻溝將是重點

　　如同知名矽谷記者 Geoffrey A. Moore 所著的書《跨越鴻溝》（Crossing the Chasm）中所主張的，有太多科技新創業者無法跨過早期採行者到早期多數者這個「鴻溝」，最終耗盡資源氣力而歇業，始終無法進入主流市場，現階段的量子電腦也正在接受能否跨過鴻溝的考驗。

　　量子電腦確實已有先期採用者，並已經從量子電腦的運算中獲得效益，但若無法跨過鴻溝，未來有可能歷經泡沫或寒冬（並非不可能，有太多技術熱絡一時就此沈寂，或如人工智慧技術也曾歷經兩次冬期），或者一直處於小眾運用，即所謂的利基市場（Niche Market），如此投資報酬比難以擴大，此將不是投資者所樂見的。

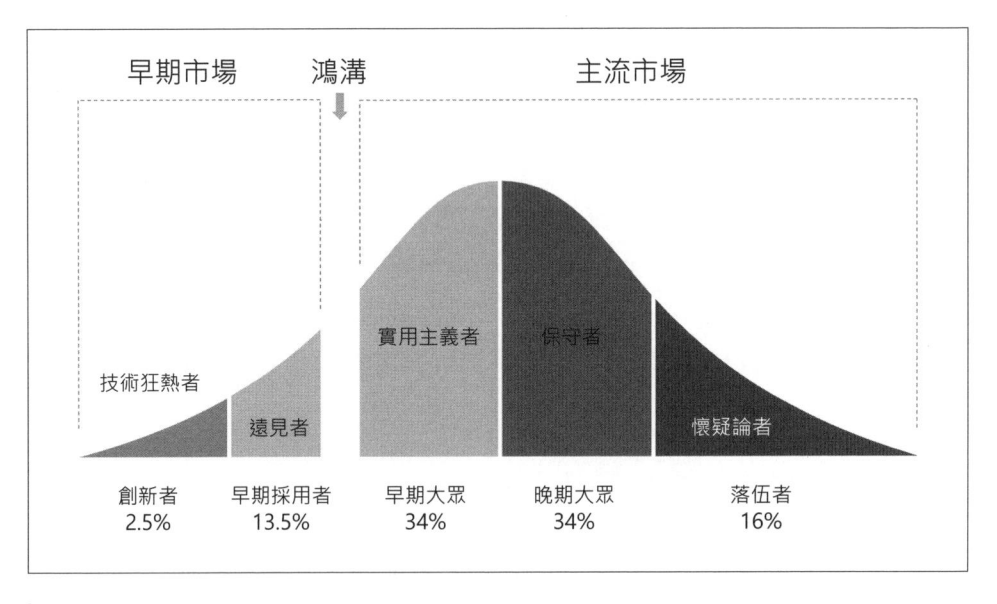

圖 95：量子電腦未來數年將面臨能否跨越鴻溝的考驗
圖片來源：B2U，作者翻譯

紅極一時的 OpenStack 或可為鑑

如前所述，量子電腦的竄紅很大程度是全球知名科技大廠紛紛投入，如 Intel、IBM、Google 等，另一個使其受關注的原因是知名大企業紛紛評估或採用，包含寶馬（BMW）汽車集團、高盛（Goldman Sachs）集團、空中巴士（Airbus）等。

事實上近年來也有一個資訊技術熱題也是因為大廠表態投入、知名大企業紛紛採納而受關注，但之後卻未能順利擴大開展，此即 2016 年左右開始流行的 OpenStack。OpenStack 是一個開源專案，專案目標是規劃與實現一套公有雲（Public Cloud）作業系統，或說是一套公有雲服務的軟體體系。

OpenStack 當紅時如思科（Cisco）、慧與科技（Hewlett Packard Enterprise, HPE）等均表態支持，知名企業如索尼（Sony）、沃爾瑪（Wal-Mart）等也有採用，但 OpenStack 歷經數年發展，始終只有極大型知名企業買單，且無法持續擴大，甚至發展氣勢以大幅消沉，以及思科、慧與也先後退出。

量子電腦面對多項課題

OpenStack 無法持續開展有諸多因素，一般認為其架構太複雜、太倚賴專業團隊的長期維護，因而不適合中小企業，還有專案內各軟體元件的設計哲學、發展方向不一導致整合不順，再加上公有雲服務商 AWS、Azure 等也積極應對等，使 OpenStack 在短短數年內快速沈寂。

量子電腦現階段也處於科技大廠積極開發、極知名企業勇於先期嘗試的關注蜜月期，一旦過了蜜月期就必須真能化解、因應各種實際挑戰，否則也可能沈寂。

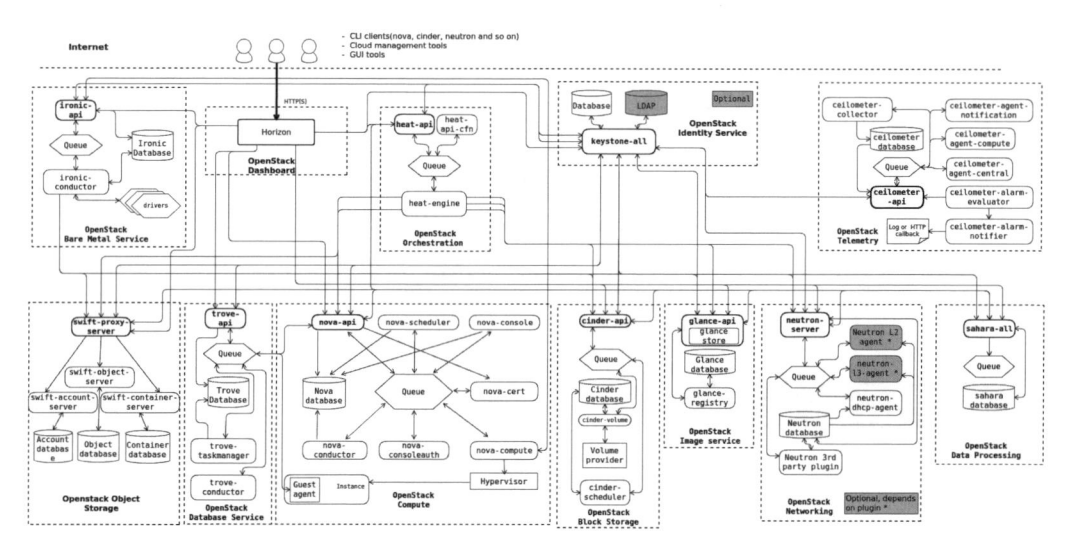

圖 96：OpenStack 專案在規劃設計上具遠大、恢宏性，但也被認為因複雜、龐雜而不易推展。
圖片來源：OpenStack.org

其他潛力技術的投資機會成本

量子計算之所以受矚目，除了現行計算的效能逐漸趨緩（摩爾定律鈍化）外，另一重點是人工智慧機器學習、深度學習的興起，以現行計算方式去實現機器學習、深度學習的計算功耗、時間都太大，而量子機器學習（Quantum Machine Learning, QML）有望以省電、快速的方式達到相似結果。

雖然量子機器學習僅是量子電腦多項價值之一，不是全部，但要提升人工智慧、機器學習的運算效能，除了現行經典運算外，還有其他候選技術，例如矽光子（Silicon Photonics）技術、記憶體內處理（Processing In Memory, PIM）技術、神經型態運算（Neuromorphic Computing，或稱仿神經、神經啟發）技術等。

投資機會成本的考慮

對於研發資金、人才不乏的超大型科技公司而言可同時投入多項技術，例如 IBM、Intel 既有研發量子運算晶片也有研發神經型態運算晶片，手機晶片大廠 Qualcomm 也有研發神經型態運算晶片。

至於矽光子自是不在話下，被認為是台股下一波潛力技術；台灣的工業技術研究院（簡稱：工研院）與國外新創也有投入記憶體內處理技術。

因此，若投資資金、投資機會有限，必須更謹慎考慮是否要投資量子電腦相關產業，倘若其他人工智慧的加速技術大幅躍進，則可能程度性擠壓量子電腦的應用價值空間，進而降低投報率。

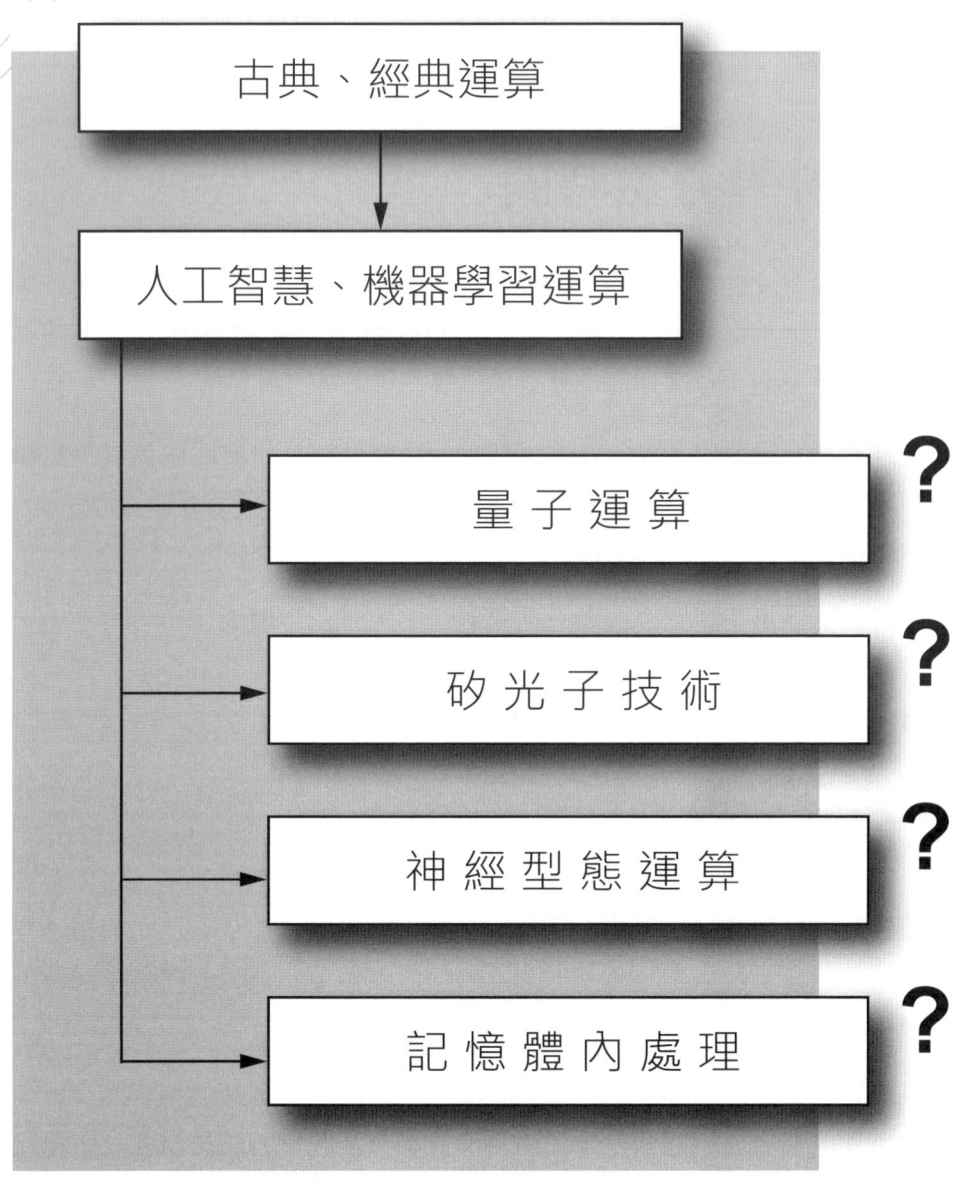

```
┌─────────────────────┐
│   古典、經典運算    │
└──────────┬──────────┘
           │
           ▼
┌─────────────────────┐
│ 人工智慧、機器學習運算 │
└──────────┬──────────┘
           │
     ┌─────┼──────────┐
     ▼                 
┌─────────────────┐  ?
│    量子運算     │
└─────────────────┘
     ▼
┌─────────────────┐  ?
│   矽光子技術    │
└─────────────────┘
     ▼
┌─────────────────┐  ?
│  神經型態運算   │
└─────────────────┘
     ▼
┌─────────────────┐  ?
│  記憶體內處理   │
└─────────────────┘
```

圖 97：量子運算為多種機器學習加速嘗試路線之一
圖片來源：作者提供

理論科學考驗時間

在這波量子電腦熱潮下許多國家都出現量子新創商，其中自然以美國最多，多不勝數，次之為歐洲，如英國有 OQC、芬蘭有 IQM、荷蘭有 AQT，或者德國、法國、瑞士等也都有量子科技新創商成立。

或者，五眼聯盟（Five Eyes, FVEY）除體量較小的紐西蘭外幾乎也都有新創，如英國有 OQC、ORCA Computing；加拿大有 Anyon Systems、Nord Quantique、Xanadu；澳洲則有 SQC、Quantum Brilliance 等。

反觀東亞量子新創商的數目明顯為少，至多以中國大陸、日本為主，中國大陸如本源量子（Origin Quantum）、量旋科技（SpinQ），日本也有 Jij、QunaSys 等，至於台灣幾乎難見量子科技新創商。

投資的尷尬時刻

新創商的浮現其實也間接反應了該國在理論學科上的能量，目前台灣的量子電腦技術發展仍以學、研單位為主，如中央研究院（以超導迴路技術實現 5 個量子位元）、清華大學等，但尚未如前述各國般浮現多間量子科技新創商。

如此若期望評估與投資量子新創業者，則國內的選擇性相對為少，可能必須比過往更積極評估國外的新創商，或只能等待時間更成熟，台灣開始有較多量子新創商浮現時才進行投資。或者是投資台灣量子國家隊的相關業者，但若期望投資以量子電腦硬體、軟體、服務為主軸的新創商，可能仍需要一段時日。

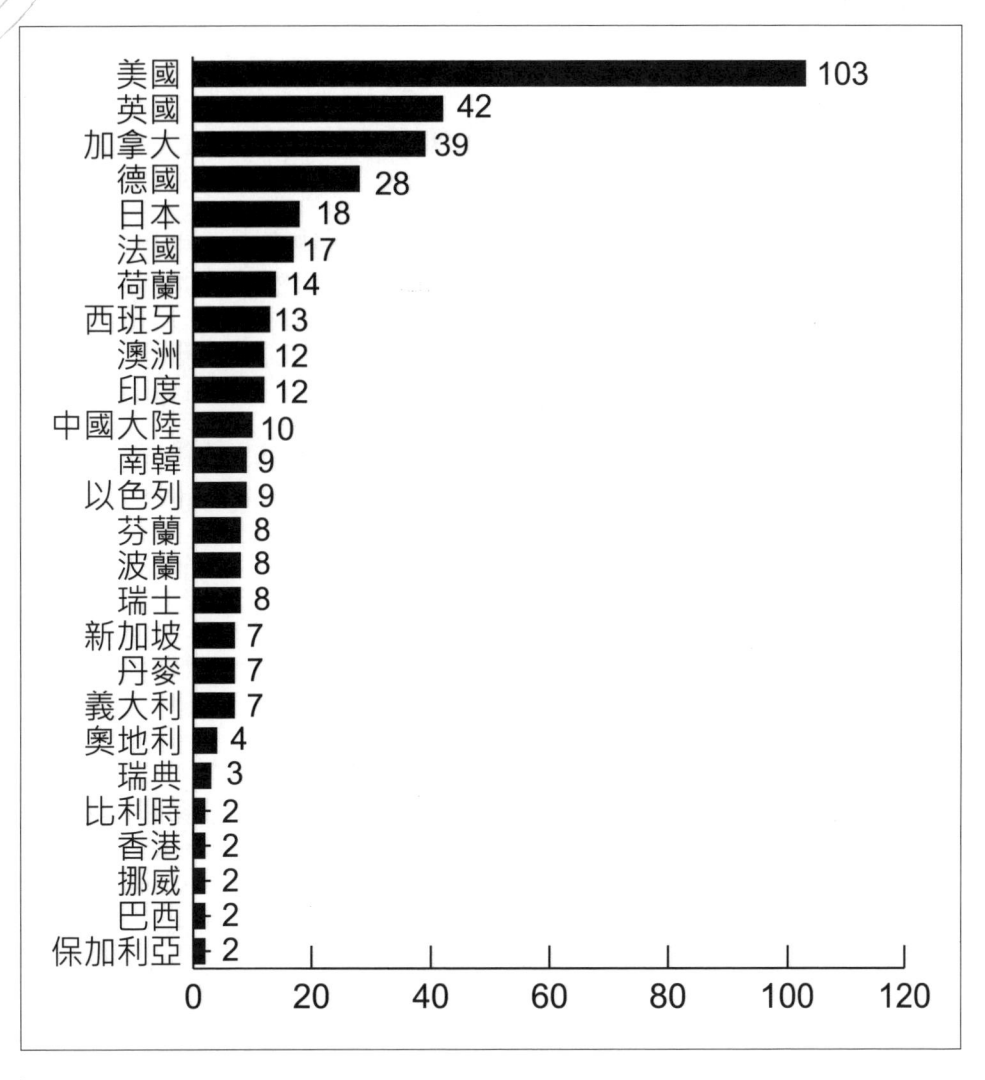

國家	家數
美國	103
英國	42
加拿大	39
德國	28
日本	18
法國	17
荷蘭	14
西班牙	13
澳洲	12
印度	12
中國大陸	10
南韓	9
以色列	9
芬蘭	8
波蘭	8
瑞士	8
新加坡	7
丹麥	7
義大利	7
奧地利	4
瑞典	3
比利時	2
香港	2
挪威	2
巴西	2
保加利亞	2

表 98：各國主要量子科技新創商家數統計（單位：家數）
資料來源：QCR，作者整理，2024 年 4 月

註：其餘國家低於 2 家或無

Chap. 8

地緣政治風險的潛在可能

量子電腦仍在發展階段,各方都還在嘗試各種實現技術,若有某一種技術能夠快速推進量子電腦發展,但該項技術的實現又倚賴某些稀缺資源,加上日益劍拔弩張的地緣政治發展,有可能不易取得該項資源,進而影響量子電腦的發展。

以實例而言,俄羅斯與烏克蘭戰爭衝突的結果,使半導體產業擔憂無法從俄、烏兩國取得晶片生產過程中所需的特殊氣體,例如俄羅斯的六氟丁二烯（C4F6）、烏克蘭的氖（Neon）、氬（Argon）、氙（Xenon）和氪（Krypton）等。

衝突資源與管制出口

另外有看過電影《血鑽石》（也稱衝突鑽石、戰爭鑽石）的人應該知道非洲地區出現過為了爭搶鑽石礦而有非人道的勞動奴役、衝突殺戮,事實上電子產品裡所用到的鉭質電容的鉭（Tantalum）也同樣是衝突物資。

又或者成功擴展量子位元數的實用型量子電腦帶來強大運算力,為了保有自己國家擁有運算力的絕對優勢,怕他國追趕,或怕未來兩國衝突時擁有較強運算力的一方將先破解通訊密碼而掌握戰爭優勢,故通常會限制高階電腦的出口外銷。

一旦出現此種銷售限制,就可能阻礙量子電腦走向規模化量價均攤的進度,持續少量高價的量子電腦其市場將有限,如此不是眾人之福也不是投資者之福。

		戰略原物料	關鍵原物料			戰略原物料	關鍵原物料
1	鋁土礦/氧化鋁/鋁	V	V	18	銻		V
2	鉍	V	V	19	砷		V
3	硼（冶金級）	V	V	20	重晶石		V
4	鈷	V	V	21	鈹		V
5	銅	V	V	22	焦煤		V
6	鎵	V	V	23	長石		V
7	鍺	V	V	24	螢石		V
8	鋰（電池級）	V	V	25	鉿		V
9	鎂金屬	V	V	26	釩		V
10	錳（電池級）	V	V	27	鈮		V
11	石墨（電池級）	V	V	28	磷礦		V
12	鎳（電池級）	V	V	29	磷		V
13	鉑族金屬	V	V	30	鍶		V
14	永久磁鐵用之稀土元素	V		31	鉭		V
15	矽金屬	V	V	32	氦氣		V
16	鈦金屬	V	V	33	重稀土元素		V
17	鎢	V	V	34	輕稀土元素		V

表 99：歐盟關鍵原物料法（Critical Raw Materials Act, CRMA）匡列的原料
資料來源：歐盟

國家學研計畫或產業補助的過早收手

量子電腦、量子相關科技的前期發展高度倚賴政府的國家級研究計畫支持，沒有持續性的理論科學研究與驗證，將更難以實現量子電腦，而先進國家的政府也確實提撥可觀的學研預算在量子領域。

單以過去 2021 年而言美國就提撥 22 億美元、德國 24 億、法國 18 億、英國 13.8 億、歐盟 11 億、加拿大 10 億、俄羅斯 6.6 億、日本 4.7 億等，其他重要的投入國也包含新加坡、以色列、澳洲等，16 國總數超過 246 億，而 2024 年再次檢視，幾乎各國的提撥都在增加，如美國已增至 39.4 億。

不過眾所皆知的，先進國家也普遍國債債台高築，未來是否能持續將經費挹注於量子研究領域成了未知數，特別是美國總統川普已有意大量減少國家級科學研究預算，有可能他國也跟進效法，如此量子電腦及其產業必受衝擊。

政府補貼同樣為關注點

另外量子電腦產業也與其他新興產業一樣需要政府補助扶植，早期的太陽能產業即是如此，或電動車等，而政府補助的收手也同樣會衝擊產業或業者發展，以國內為例，電動機車在有補貼、無補貼時的銷售量明顯差異。

目前尚無太多政府單位重點性扶植或補助量子電腦商，但有無補貼補助等也是值得關注的重點，有補助將在短期內可以看好，但業者必須爭氣，在補助減少或取消前能夠自立，否則量子電腦的產業發展也會增添隱憂、變數。

	國別	經費（單位：美元）
1	中國大陸	100 億
2	德國	24 億
3	美國	22 億
4	法國	18 億
5	英國	13.8 億
6	歐盟	11 億
7	加拿大	10 億
8	荷蘭	7.4 億
9	俄羅斯	6.63 億
10	日本	4.7 億
11	以色列	3.77 億
12	台灣	2.8 億
13	澳洲	2.8 億
14	奧地利	1.27 億
15	新加坡	1.09 億
16	南韓	0.4 億

表 100：世界主要國家量子研究計畫預算費用表（2021 年）

資料來源：科技政策研究與資訊中心

台灣廣廈 國際出版集團
Taiwan Mansion International Group

國家圖書館出版品預行編目（CIP）資料

100張圖搞懂量子電腦產業鏈：全面解析量子電腦的技術、產業及運用，提前洞悉產業強大潛在趨勢與商機，讓你的投資贏在最前面!! / 江達威 著．
-- 初版. -- 新北市：財經傳訊, 2025.08
面；　公分. -- (through; 32)
ISBN 978-626-9978-98-4（平裝）
1.CST: 電腦資訊業　2.CST: 量子電腦　3.CST: 產業發展
484.67　　　　　　　　　　　　　　　114010097

財經傳訊 TIME & MONEY

100張圖搞懂量子電腦產業鏈：
全面解析量子電腦的技術、產業及運用，提前洞悉產業強大潛在趨勢與商機，讓你的投資贏在最前面!!

作　　　者／江達威	編輯中心／第五編輯室
	編 輯 長／方宗廉
	責任編輯／謝家柔
	封面設計／林珈仔
	製版・印刷・裝訂／東豪・紘億・弼聖・秉成

行企研發中心總監／陳冠蒨
媒體公關組／陳柔彣
綜合業務組／何欣穎

發 行 人／江媛珍
法 律 顧 問／第一國際法律事務所 余淑杏律師・北辰著作權事務所 蕭雄淋律師
出　　　版／台灣廣廈有聲圖書有限公司
　　　　　　地址：新北市235中和區中山路二段359巷7號2樓
　　　　　　電話：(886) 2-2225-5777・傳真：(886) 2-2225-8052

代理印務・全球總經銷／知遠文化事業有限公司
　　　　　　地址：新北市222深坑區北深路三段155巷25號5樓
　　　　　　電話：(886) 2-2664-8800・傳真：(886) 2-2664-8801
郵 政 劃 撥／劃撥帳號：18836722
　　　　　　劃撥戶名：知遠文化事業有限公司（※單次購書金額未達1000元，請另付70元郵資。）

■出版日期：2025年08月
ISBN：978-626-9978-98-4　　　　版權所有，未經同意不得重製、轉載、翻印。